KB234213

하예린은 내 친구

글·그림 최정현

한겨레신문사

닮고 싶은 반쪽이네

　반쪽이 하면 아빠가 딸을 키우는 실험적인 가정의 이미지가 떠오릅니다. 하지만 정작 탄력을 주는 존재는 너무나도 재미난 악역을 하는 째라니(변재란)지요.

　그녀는 가정과 성공이라는 두 토끼를 쫓습니다. 그렇다고 욕심쟁이로 몰진 맙시다. 님도 보고 뽕도 따고 싶은 건 모든 사람의 욕망이니까요. 다만 이루는 사람과 그렇지 못한 사람이 있고, 그 차이에 이유가 있을 뿐이지요. 재밌는 건 이 게임의 강력한 무기는 능력보다 성격이란 사실입니다. 옆에 폭탄이 떨어지든 식구들이 밥을 굶든 말든, 애오라지 자기 일만 붙잡고 있는 째라니의 국보급 무신경이자 가공할 집중력을 보십시오.

　아내가 되고 엄마가 되면 산만해진다고 합니다. 인간이 신경 쓸 다른 대상이 생길 때 주의력이 흩어지는 게 오히려 자연적인 순리지 부끄러울 일도 아닙니다만, 째라니는 그런 자연의 이치마저 거스르네요. 스커드 미사일보다 강한 이 여성의 집중력이 때론 우리를 경악시키고, 때론 우리에게 웃음을 줍니다. 그러다가도 책 덮고 곰곰 생각하면 연민이 솟지요. 이런 악역을 하지 않곤 두 토끼를 잡을 수 없는 게 여성의 현실임을 아니까요.

　밤마다 탈진한 병사처럼 들어서는 째라니의 퀭한 두 눈은 비록 반쪽이의 솜씨로 과장되어 배꼽 잡게 합니다만, 실은 두 토끼를 쫓는 현대 여성의 딜레마를 보여주는 상징이지요. 그렇다고 자기 일밖에 모르는 저 깍쟁이 같은 여자가 한 번이라도 꽉 꺾였으면 싶은 얄미움이 줄어드는 것도 아닙니다. 여기에 째라니를 탁월한 캐릭터로 만드는 절묘함이 있습니다. 저는 살 만한 세상이 되려면 앞으로도 이런 여성 캐릭터가 마아니 마니 나와야 한다고 생각합니다.

이토록 감칠맛 나는 째라니에 비해 반쪽이란 인물은 밋밋하다 느낀 적이 있지요. 해 달라는 대로 척척 만들어 주는 마이더스의 손을 가진 아빠 마돈나이다 못해, 명절에 시댁 가지 말자고 나서서 교통정리 해 주는 천사표 남편이기까지 하다뇨. 이게 웬 산타클로습니까. 아니 별 예쁘지도 않은 주제에 밥도 안 해 주는 째라니가 이토록 완벽한 남편까지 두고 산다면, 진짜로 예쁜 데다 밥도 잘 해 주는 세상 여자들 다 배 아파 어떻게 살란 말입니까.

그러다 보니 이들의 진짜 삶은 어떨까 궁금해집니다. 저 역시 반쪽이를 볼 때마다 우린 뭐가 못나 이렇게 못 사나 배가 아프던 여자였지요.

그런데 몇 년 전 분당 살 때였습니다. 한번은 제 집에서 생일 모임을 하는데, 거기 째라니와 하예린이 왔지요. 잘 놀고 흩어질 시간이 됐을 때 추적추적 굵은 비가 내렸습니다. 제 집과 그들이 사는 과천 사이에 직행버스도 없었을 뿐더러, 늦은 밤 궂은 날씨에 몇 번씩 버스를 갈아타는 상황을 무릅쓰기엔 아이도 아직 너무 어렸지요. 염려하고 망설이다가 결국 과천 반쪽이에게 전화를 걸게 되었습니다. 이러이러하니 송구스럽지만 오늘 한 번만 좀 차를 가지고 와주시면 황공하겠다고. 째라니와 하예린, 과천까지 함께 갈 또 다른 친구까지 번갈아 간곡한 청을 넣었습니다. 옆에서 지켜보는 제 마음이야 응당 그리 해 주리라 믿어 의심치 않았습니다. 얄미운 마누라뿐이라면 몰라도 눈에 넣어도 아프지 않을 하예린까지 있는 마당인데. 아, 그런데 이게 웬일입니까. 내가 지금 일을 하는 중인데 집 밖으로 나오라니 그게 될 법한 소리냐고, 정 안 되면 택시비 줄 테니 택시라도 잡아타고 돌아오라고 끝까지, 딱 부러지게 거절을 해 버리지 뭡니까. 한마디로 뭐랄까요, 째라니의 집중력 뺨치게 막강한 자기중심이었습니다. 결국 다 떨어진 우산 하나 받쳐들고 싸늘한 밤 공기에 떨며 가는 기러기모녀를 보자니, 꿋꿋하고 자립심이 강해 보이기는커녕 너무도 처량 맞고 불우해 보이더군요.

돌아오는데 이런 생각이 들었어요. 비록 남자들이 혼수품으로 가져간다는 '이상한 물건(가부장의식)'을 가지고는 있지만 이럴 때 황금박쥐처럼 짠하고 나타나 줄 그런 남편과 살고 있는 나는 얻은 건 뭐고, 잃은 건 뭘까. 가벼이 단정할 문제는 아니지요. 하지만 그 날 비로소 가부장적 가정의 단맛이 있듯이 양성평등 가정의 쓴맛도 있음을 나름대로 똑똑히 보았습니다. 그때부터였지요. 저는 반쪽이 부부만 떠올리면 자꾸 웃음이 나고 배가 하나도 안 아프면서, 지나가는 사람이라도 붙잡고 소리치고 싶어졌습니다. 살 만한 세상이 되려면 반쪽이 같은 캐릭터도 마아니 마니 나와야 된다고.

　반쪽이네 집에는 평등 부부 가정의 단맛과 쓴맛이 ‘평등하게’ 공존합니다. 이게 모순이라기보다 매력이지요. 너무나 불평등한 조건 속에서 살아 온 상처 때문에 저도 그렇고, 우리는 다 저도 모르게 ‘양성평등’ 하는 개념 자체에 홀리고 감동하려는 경향이 있습니다. 하지만 그것 역시 잘 채워 넣어야 할 틀에 불과하지요. 그럼에도 개념의 소화불량에 걸려, 반쪽이의 참된 미덕을 놓쳤던 걸 이번에 보게 되었습니다.

　바로 그에게 흘러 넘치는 긍정의 마음입니다. 반쪽이가 딸과 희희낙락 찧고 까부르는 짓을 눈여겨보노라면, 이 사람에겐 양성평등이란 개념 자체는 하등 중요한 게 아니었구나 하는 걸 새삼스레 깨닫게 됩니다. 오히려, 오래 전 마누라는 나가서 일하고 자기는 집안에서 애 키우며 그림 그리게 됐을 때부터, 자기와 아이의 상황을 진심으로 보듬고 누리고 놀았을 뿐이구나 고개를 끄덕이게 됩니다. 어떻게 그럴 수 있었는지 이게 참 신기한데, 공룡 발자국 방석과 아침 식사로 나온 찹쌀떡 통으로 예쁜 새를 만드는 자유자재한 손이 있기 이전, 남의 틀에 얽매이지 않는 자유자재한 마음이 있었던 것입니다. 가부장제? 어, 남자와 여자를 다 죽이는 이상한 물건이지. 그럼 한번 치우고 살아볼까? 어린아이처럼 천진난만한 호기심을 비록 쓰다 해서 중간에 뱉지 않고 끝까지 잡고 나가는 모습입니다.

　그렇게 맺은 열매 중의 열매는 잘 자란 하예린입니다.

　저 또한 반쪽이가 딸에게 주는 말을 입으로는 날마다 하면서 삽니다. 애야, 네가 정말 하고 싶은 것을 구체적인 계획을 세워서 미친 듯이 해 보아라. 그런데요,

며칠 전만 해도 3학년이 돼서 처음 시험을 본 아이 점수에 깜짝 놀라니까 그 길로 문방구에 뛰어 가게 되던데요. 학습지라도 사서 그 날 저녁부터 아이 한번 족쳐 보자 싶어지던데요. "너 이러다 ○학교도 못 가!" 숫제 깡패처럼 아이를 협박하질 않나.

그런 면에서 언행이 일치하는 반쪽이의 교육만큼 저를 낯 뜨겁게 하는 것도 없습니다. 그것 역시 남의 틀에 얽매이지 않는 일관성으로 다가오네요. 상황따라 자기 기분따라 오락가락하지 않지요. 함께 살면서 겪는 아빠가 흔들림 없이 본을 보이니까 아이도 헷갈릴 이유가 없었나 봅니다. 그래서 차라리 반찬을 배달시키기로 정한 엄마를 '21세기의 혁명가' 라고 치켜세우며, "부엌 자리에 거북이 사육장을 만들자"고 하는, 다른 아이가 했다면 꼭 어른이 꾸며서 시킨 대사로 여겼을 것 같은 말을 진짜 제 얘기로 스스럼없이 내뱉게 되는 것입니다.

로마로 가는 아피아 구가도의 포석 위를 걷는 아빠와 딸의 모습은 얼마나 감동적입니까? 파리 로댕 미술관에서 "조각은 돌을 깎아서 사람을 만드는 것이 아니라 돌 속에 있는 사람을 끄집어내는 거야"라고 딸에게 이르는 반쪽이의 말은 얼마나 자기 삶의 잠언처럼 들립니까?

물론 반쪽이와 하예린이 파리로, 로마로 종횡무진 휩쓸고 다닐수록 우리 집에선 특히 식사시간엔 반쪽이의 '반' 자도 꺼내지 말아야 합니다. 그 '이상한 물건'을 치워야 되나, 말아야 되나 아직도 번민중인 우리 집 가장(家長) 이마에 저도 모르게 내 천(川) 자가 그려지니까요. 아직 거칠 것이 남은 사람들에게 일단 한번 뚫었기에 길 위로 길이 열려 쑥쑥 나가는 듯 보이는 자의 이야기가 항상 산뜻하게 들리는 것만은 아니기 때문입니다. 네, 지금 우리가 반쪽이네 질투하는 겁니다. 그럴 만하잖아요? 또 한 가지, 이 책이 나온 후에 우리 애와 투덕거릴 걸 생각하면 벌써부터 골치가 아픕니다. 책읽기를 별로 즐기지 않는 우리 집 둘째가 제가 말리면 말릴수록 책상 밑에 기어들어서라도 이 놈의 만화책 나부랭이만 보고 또 보고 할 게 뻔하기 때문입니다. 먼저 집에 있던 반쪽이 만화들도 모두 그렇게 누더기가 돼 갔지요. "너, 책 좀 읽어. 그런데 반쪽이는 안 돼. 저얼대 안 돼." 솔직히 그 정도였기 때문에 반쪽이 하면 저는 아주 지긋지긋합니다.

그런데 이런 추천의 글까지 쓰게 되다니요? 세상 참 재밌지 않습니까?

2003년 4월

전혜성(소설가)

일시	2003.4.12	실천 과제	아빠만화표지 그리기

효행 실천
및
반성

흠~ 솔직히 이게 효도인지 잘 모르겠다. ㅇ_ㅇ;;
곧 있으면 5월달 쯤에 아빠의 만화책이
나오게 된다. 아빠께서 내게 만화표지를
그려보라고 종이와 싸인펜을 건네주셨다.
켄타로우스가 된 아빠와 그 등을 타고 같이
그림을 그리는 나를 보니 괜히 웃음이 나왔다.
나중에는 색깔을 넣을 때도 무슨색으로 할지 정해
드렸다. 구상하는데 시간이 많이 걸려 숙제도
늦게하게 됐지만 꽤 흥미로웠다.
나중에 또 만화책을 내시면 그때도 그려보고 싶다.
ㅇ_ㅇ (진심이야?)

미싱

하예린!
꿈에 그리던
미싱이 왔다.
정말?
이제 옷 버릴 일은 없어.
인형옷 만들어야지.
얼마야?
헌옷이 어디 있지?
인형옷을 만들자.
이 옷 못 입지?
안돼.
지금은 안 입지만
안돼.
엄마.
이거 잘라도 되지?
안돼.
네 사촌들 갖다 줄거야.

엄마 없을 때 할까?
싫어 지금 해보고 싶어.
전부 안된다고 하니 원
아빠! 이거
이건 어때? 못쓰는 거잖아.
음…돼.
와~
된 대.
드르르르르르르르
아빠 나도 해 볼래.
어휴~ 시끄러워서 미칠것 같애. 밤12시야. 12시.
드르르르르
엄마! 인형옷 어때?
하예린 옷 어때?
잘 만들 었네.

비오는 날 오후

내 말 안 들려?
아참. 하예린 우산
맞아. 하예린 우산.
반쪽씨가 우산 들고 학교앞에 가서 기다려. 하예린. 올 때 다 됐잖아.
내가 학교 다닐 때는 부모가 우산 들고 학교앞에서 기다린 적이 없어.
그러면. 비맞고 왔어?
나뭇잎으로 가리고 왔지
아파트 동네에 그런 나뭇잎이 어디 있어?
그러지 말고 곧 나간다 면서? 나가면서 하예린한테 우산 주고 가
안돼. 이거 다 끝내고 프린트 해서 나가야돼
어려운 상황을 스스로 해결하는것도 공부야. 비맞아 보는것도 좋은 경험이고.
아까는 나보고 갖다 주라고 하더니.
쯧쯧쯧 어미라는 사람이…
쯧쯧쯧 아비라는 사람이…
띵똥 띵똥
하예린 비안맞았어? 어떻게 왔어?
지금 비 안오는데

나 갇혔어

나 먼저 갈게.
말도 안돼.
앉아봐 같이 가야지.
하예린 혼자 있어 안돼.
야. 애 없는 사람이 어디 있어 맞아. 자기 애만 앤가
그럼 전화 하고 올게
자. 자. 건배
하예린!
하예린 자.
어! 일찍 왔네 하예린 혼자 있는줄 알았는데.
시사회 안가고 바로 왔어.

2 차 가자
집에 가지 뭘 또 가.
괜 찮아?
괜 찮아. 비록 음주 운전으로 걸렸지만. 이제 마음 놓고 마실 수 있어.
퍽
저런 저런
으아아아아아
나갔혔어.
왜 그래?
나 나가고 싶어, 풀어줘 처 자식이 있는 몸이야
벽이 아니고 전봇대야

별 거 아니지만

엄마!
카메라 샀어.
카메라는
왜 샀어?
방학 숙제야.
양로원 방문해서
할머니, 할아버지
도와 드리고
즐겁게 해 주는거
있어.
그런데
카메라는
왜?
증거로
사진 찍으
려고
진정한 봉사가
아니라
정치꾼 처럼
눈에 보이는
증거에만
신경쓰는거
아니야?
아니야.
정치꾼 이라니
내가 그렇게
밖에 안보여?
가서 어떻게
하려고. 뭐. 준비
했는데?
친구 하고 같이 가는데
안마 해 드리고
요구르트 좀 사들고
가려고 해.
간다고 전화는
했어?

그냥 가면 되지 뭐. 즐겁게 해드리겠다는데.
아마. 미리 연락 하고 가는게 좋을걸.
다음날
이거 우리 한테도 줄까?
내 용돈 다 털었어
뭐. 우리가 얻어 먹으러 가냐?
임경애
이다영
하긴 그렇지.
야! 다 왔다. 헉 헉
노인들 계시는데 계단이 왜 이리 많아?
봉사 하러 왔는데요.
연락하고 와야 되는데. 점심시간 인데 밖에서 기다릴래 아니면 다음에 또 올래?
밖에서 기다릴 게요.
그럼 좀 기다렸다가 들어 오렴.
○○ 양로원
으 추워
우리 다음에오자
빵하고 요구르트는 어떻게 하고?
다음에 올게요.
그리고 이거 별거 아니지만.
여기 할머니가 80분이나 계시는데 어떻게 나누어 드리지?
그래도 사진은 찍고 가야지.
○○ 양로원

이상한 물건 1

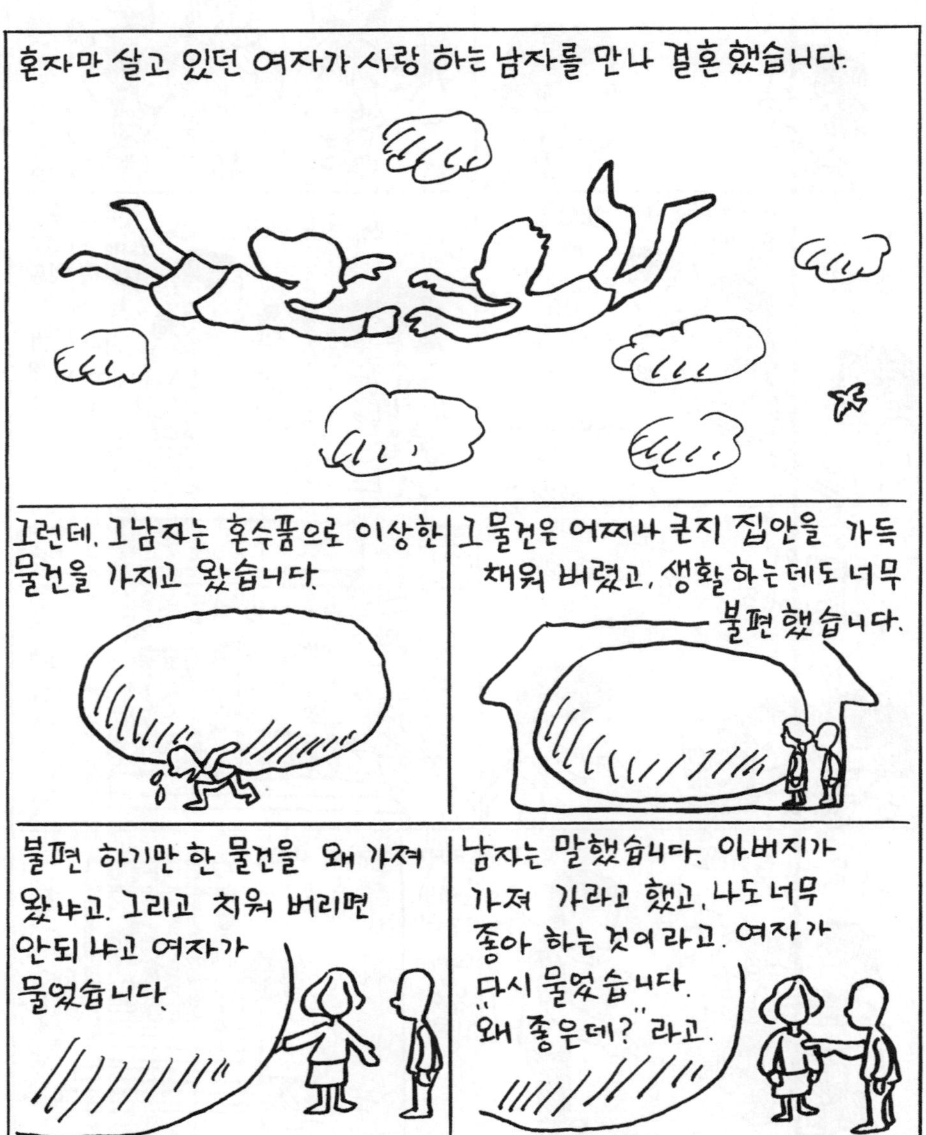

혼자만 살고 있던 여자가 사랑 하는 남자를 만나 결혼 했습니다.

그런데. 그남자는 혼수품으로 이상한 물건을 가지고 왔습니다.

그 물건은 어찌나 큰지 집안을 가득 채워 버렸고, 생활 하는데도 너무 불편 했습니다.

불편 하기만 한 물건을 왜 가져 왔냐고. 그리고 치워 버리면 안되 냐고 여자가 물었습니다.

남자는 말했습니다. 아버지가 가져 가라고 했고, 나도 너무 좋아 하는 것이라고. 여자가 다시 물었습니다. "왜 좋은데?" 라고.

남자가 말했습니다. "살다 보면 알아"
그후 남자는 일에 지쳐서 집에 오면 이상한 물건 부터 대하고 바로 생기가 돌곤합니다.
밥먹을때 잠잘때 화장실갈때등 생활 하는데 너무 불편 했지만 두 사람은 그냥 참고 살아 갔습니다.
이제는 기어 다니는 것이 습관화 되어서 불편한 것도 잊어 버릴 정도 였습니다.
그렇게 생활 한지 20년 정도 되었을때. 여자는 생각 했습니다. 그래 한번 치워 보자고, 큰마음먹고 남편 없을때 그 이상한 물건을 정말 치워 버렸 습니다.
저녁에 남편이 돌아 왔습니다. 남편은 "와 -이제 살것 같다고. 좋아 했습니다.
의외 였습니다. 난리가 날줄 알고 부엌칼과 몽둥이를 다 숨겨 놓았는데.
남자가 말했습니다. 이렇게 좋은걸 왜 진작에 안 치웠냐고.

남자들은 집에 있는 이상한 물건 때문에 살아 간다고 합니다.
그런데 일터에만 오면 살 맛이 안 난다고 합니다.
그래서 회의를 거듭 해서.
회사 에도 그 이상한 물건을 두기로 결정 했습니다.
그 후집과 마찬 가지로 남자직원들의 얼굴에 생기가 돌기 시작 했습니다

오! 이런 세상이 다 있었구나 하고 말입니다.
그런데, 이상한 물건은 집과 다르게 엄청난 힘을 발휘 하곤 했습니다.
정말 대단한 힘이었습니다.
이런 현상은 회사 뿐만 아니라 나라 전체로 퍼져 나갔습니다.
언론 조차도 이상한 물건을 예찬 하곤 합니다. (가끔 생색은 내지만요)
그 덕분에 남자들은 늘 힘이 충만해서 일을 더 열심히 했습니다.
슈퍼맨과 같았습니다 밤을 새워서 라도 웬만한 일은 다 해치우니 말입니다.
그런데 딱 한가지 문제가 발생 했습니다.
40대 남성 사망률 세계 최고

명절만 되면 이상한 물건의 힘은 절정에 이릅니다.
올해도 3,200만 명이 이상한 물건의 명령을 따릅니다.
가거라
꽉 막힌 도로 때문에 파김치가 되면서도 오직 부모님 뵙겠다는 일념으로 말입니다.
더군다나 여자들은 자기 부모도 고향도 아닌 데도 갑니다.
가서 이상한 물건을 위해 힘든 일을 해 치우고

남편은 하늘이요 아들은 우주와 같은 존재라고 더욱더 세뇌 당하고 옵니다
그리고 이상한 물건을 모실 아들을 낳기 위해 기상 천외한 짓을 다 합니다.
또 다른 이상한 물건
비나이다 비나이다
그런데 한여성이 이상한물건의 모든 명령을 거부해 보았습니다.
그러나 이상한 물건은 가만히 있질 않았습니다.
이 광경을 보고 많은 여성들이 대책을 마련 했습니다.
나무라면 나무랄수록 이상 한물건은 더욱더 커졌습니다.
여성들은 이렇게 해서 안되겠다. 해서 아예 상관 안 하기로 했습니다.
왜 그냥 가는 거야? 가면 안돼.
너희들 가면 내가 어떻게 살아. 흑흑흑...

봉사란…

봉사 활동으로 눈 치우려고 하는데 삽좀 빌려 주세요.
아저씨도 치우려고 했는데… 너무 얼어서 못 치워.
눈 못 치우면 뭐 하지
봉사란 내가 할수 있는걸 남에게 주는 거란다. 요즘 같으면 눈 치우는 것도 있고.
봉사센터 직원
스티커 제거 하는일 그리고 스티커에 있는 전화 번호로 항의 하는것.
아ㅡ맞다. 스티커가 있네.

우~ 대단해. 완전히
누더기로 만들어 놓았구나.
열쇠, 세탁소,
치킨, 식당
중국집
왜 이리
안떨어져.
벅 벅
누구세요?
봉사 할동으로
스티커 제거
하는
데요.
고맙지만
떼다가
문이 긁히면
안 되니까.
그냥 둬.
스티커도 하지 말라고
하면 어떻게….
큰일이네.
왜 문에만
붙이지?
햐!
저기 있다.
소화기 너 밖에 없구나.
저기요.
스티커 붙일때 있잖아요.
소화기에만 붙여 주세요.
뭐?

나도 이제 할 수 있어

이제. 엄마 아빠가 거의 하루 종일 나가니 하예린 혼자 다 할 수 있어야 돼!
와~
윙
옳지 잘했다 쉽지?
식기 세척기는 젓가락만 조심하면 돼.
다음은 세탁기. 제일 먼저 세제를 넣고
아니야 아니야
맞 잖아~
옷 넣을때 주머니속 이물질이 있는지 확인 해야지.
아~참 됐어. 다넣었으니까.
다음에 넣을때 꼭 해야 돼. 안하면 세탁기 고장나.

그럼 . 세제 부터
탁 탁
에~이 이리 줘 봐.
탁
휙
탁탁 넣고.
속
오~ 대단
2~3년 해보면 돼
다음은 건조기 할래
건조기는 세탁이 다 되면 해야 돼.
옛날에는 설거지 하고 빨래 하다가
하루를 다 보냈어.
왜?
기계가 없어서 빨래 끝나면
빨랫줄에 걸어 말리고 다 마르면
개어서 옷장에 넣고 하니까 그래.
우리는 왜 옷장도 없어?
옷을 개어서 옷장에 넣거나
건조기 속에 있거나 마찬가지야
일 하나 덜 해도 되니
좋잖아.
아~ 그렇네

엄마는?

윙
따르릉 따르릉
아빠! 뭐해 12시 넘었어 왜 안와?
엄마는?
엄마 아직 안왔어
밥은 먹었어?
아직 안먹었어. 아빠 오면 같이 먹으려고…
혼자 먹어, 아빠는 아무래도 새벽에 끝날것 같아.
비행기 만들고 있는데 굉장히 크고 멋있어 하예린 보면 좋을텐데.
뭐 하는데 일이 많아?

와~ 정말? 나 지금 가볼래.
안돼. 너무 늦었어. 다음에 와서봐. 엄마 곧 올거야 먼저 자.
잠이 안와
게임 하고 있으면 엄마가 20년 늙고 책 보고 있으면 10년 젊어지는거 알지.
혼자있는 훈련을 해 봐야 되는데
따르릉 따르릉
아직 4학년인데 잘 하네요
아빠. 새벽 2시야 왜 안와?
아직 안 잤어? 엄마는?
아직 안 왔어 전화도 없고
엄마 곧 올 거야 먼저 자 아빠도 빨리 갈게.
크 — 빨리 가셔야 되겠네요.
따르릉 따르릉
엄마는?
아직 안 왔어 아빠는 다 끝나가? 비행기 타고 빨리 와.

남자는 다 그래

요즘 군대 많이 좋아 졌지? 우리 때와 비교 하면...
에~이 요즘이 더 괴롭죠. 쓸데 없이 성희롱 방지 교육이나 받고.
요즘 군대에서는 그런 교육도 받나 보지?
요즘 시대가 여인천하 잖아요. 여자들이 갈 수 없는 데가 어디 있어요.
육해 공군 다 갈 수 있잖아요.
언제는 여자 들도 군대에 가 봐야 된다 면서요?
아마 국가적으로 예전 보다 돈이 많이 들거예요. 화장품도 지급 해야 되고 여자 화장실도 새로 만들어야 하고.
그런데. 자네는 여성부가 생긴걸 어떻게 생각 하나?
진짜 평등 사회가 되려면 여성부도 없어야 좋은거 아니야?

평등 사회가 아니니까 여성부도 생기고 여성쿼터 제도 주장 하고 그런 거죠.
다른 나라에도 여성부가 있나?
선진국 에는 없겠지.
독일에 있는데 가족 여성부가 있지. 그냥 여성부는 없어요.
가족 여성부는 말이 되네.
얼마나. 요즘 가족 문제가 심각 한가 청소년 문제 이런거 다 여성들이 책임지고 해결 해야 되는거지.
왜 그걸 여성들만 해결 해야 돼요.
사회 최소 단위가 가정 이지 않나. 가정이 잘되어야 나라가 잘 되고.
자식 잘 키우는게 남는거야 늙어봐.
하지만 가정 때문에 왜 여성 만이 일을 그만 두어야 되지요?
과일 드세요.
이것봐. 여자의 아름다움은 다 이렇게 가정안에 있을때 돋 보이는 거야.
우리집 사람도 애교육 신경쓰고 집안 일을 도맡아 하니 내가 꼼짝 못하 잖아.
월급도 다 갖다 주고
월급을 다 갖다 준다고?
카드 빚이 얼만데 돈좀 갖다 준다고 위세 떠는걸 생각 하면.
하하 그럼.
그래야지

벌레 교실

하예린, 공방에서 오늘 벌레 만드는 교실 있는데 도와 줘.
또, 말 안 듣는 애가 있어?
공방에 있는 기계들이 위험하니까 못 만지게 하면 돼.
꼭 무리중에 한명이 있단 말이야.
벌레는 천적 때문에 모양과 색깔이 나무와 비슷하게 되어 있어요.
곤충은 머리, 가슴, 배의 세부분으로 나누어져 있고, 다리는 몇개?
6개요
햐! 너 잘아는 구나.
학교에서 배웠어요.

자,그럼 나뭇 가지를 잘 관찰 해보고 곤충에 필요한 부분을 찾아 보세요.
하예린 저기 간다
응, 알았어
응
너 기계에 관심이 많구나
응
너는 벌레 안 만드니?
나는 무언가 큰것 만들고 싶어.
웅
그럼, 벌레를 크게 만들어 봐.
설득 설득
아빠 성공
모두 잘 만들었어요. 자, 다음 시간은 시계를 만들 거예요.
와~ 정말 크다
선생님, 저기요. 큰 벌레 만든 아이 있잖아요. 개성이 강하니까. 지도 잘해 보세요 큰인물이 될것 같아요.
아이구, 말도 마세요. 전에 박물관 갔을 때도 설명 안듣고 혼자 돌아 다니고 쟤 때문에 너무 힘들어요.

지압공

아아아아
기다려봐
이렇게 누르면
시원해져
어때.
시원하지?
아파
체했을때
누르는 부위가
어딘데?
이부분이야. 멀미
할 때도 마찬
가지고
살살해
더위 병은
어디야?
더위 병은 여기, 여름에
에어콘 없어도 살 수
있는 방법이지
으~
얼굴에 열이 자주 오르면서 붉어지고
가슴이 답답하고 무기력 할때
여기는 수지침으로 해야 효과가
있어.
아

지압공 만들기

단위 ㎜

준비물 ○나무토막 ○드릴
　　　　○나뭇가지 ○톱
　　　　○조각도

장진구처럼 왜그래?

학교 앞에 집 봤는데. 전세가 있고. 월세가 있어.
엄마. 엄마. 엄마. 엄마.
드라마 (아줌마) 의 남자 주인공
반쪽씨는 어떻게 생각해. 아무래도 전세가
엄마
말해. 장진구 처럼 왜그래?
다 듣고 있으니까. 말해.
장진구 라니 그렇게 심한 말을 아빠아~ 흑흑흑
아빠. 장진구가 어떤사람이야?
그렇게 심한 말을 이라며?

적절한 순간에 자기 표현을 하고 남의 말을 경청할 준비가 되어있지 않고 입만 살아 있는 남자를 말함. 됐어?
내가... 그렇게 심한 말을
그럼. 누구니?
아빠아 흑흑흑...
장진구처럼 울긴 왜 울어?
ㅋㅋㅋ
아니 아빠까지
아니야. 아니야. 농담이야.
그래. 용건이 뭐야?
내일 걸레 가지고 가야 되는데 만들어 줘.
저번에 만든거 있잖아?
그건. 왁스 용이고 이번에는 물걸레야.
그럼. 부엌에 있는 행주 가지고 가면 되겠네.
그래도 되나? 걸레 치고는 너무 깨끗 한데.
걱정마 걸레로 사용하면 금방 걸레가 돼.
다음날 아침
학교 다녀 오겠습니다.
걸레 챙겼어?
아빠아 내가 장진군줄 알아?
장진구, 실내화 가방.

안녕
엄마!
반쪽이 아저씨다.
오늘 공방 안갔어요?
안 그래도 하나
물어 볼게
있었는데
오늘 공방
쉬는 날이
예요.
장판타일
있잖아요.
그게 어떤 거예요?
장판보다 느낌이나
질이 좋고 조각으로
되어 있어요.
얼마나 해요
한 27평 정도
깔려고 하는데.
평당 3~4만원정도
하는데 인건비가
평당 5~8만원
정도 할거예요.
깔기 쉬워요?
나도 할 수 있겠어요?
그럼요.
하예린이도
하는 데요 뭐.

한번도 안해봐서 겁이 나는데.
방법 가르쳐 줄테니까 남편하고 같이 해봐요 너무 쉬워서 실패 할 일은 없어요.
우리 영감 탱이가 하겠나 …
참. 어제 만났는데 요즘 냉전 중이라면서요.
예? 그런말 까지 했어요.
아니 그냥 ….
이 건수로 오늘 한 바탕 해야 되겠어.
어 … 나 때문에 … 그게 아니고… 그런데 남편이 어떻게 했길래.
영감 탱이 예쁜 구석이 하나 라도 있어야지 맨날 술이나 먹고 당구나 치고
이사 한다 면서 좀 심 했다.
나 혼자 이사 문제에다. 애 문제 시부모 문제. 돈문제 어휴― 지겨워 그래도 살아야 되니.
하여튼. 타일을 직접 하게 되면 이백 만원은 절약 할 수 있어요.
이건 비를 그렇게 많이 받아요?
놀고 있는 남편하고 같이 해 보세요.
놀다니 남편이 노는 사람으로 보여요? 반쪽 씨가 잘못 봤어요. 그래도. 그사람 바쁜 사람 이에요. 그렇게 보지 마세요.
아―그게 아니라 술. 당구.

할머니 돌보기

쓰레기 통은 어디 있냐?
저기 있어요.
양손에 쓰레기 들고 있을때 발로 열수 있도록 해 놓았어요.
스르륵
오매 오매
냄비는 여기 있어요.
오매 오매
덜거덩 척
또, 뭐야?

오매 오매 식기가 여기 다 있었구나
휴~
밥 먹고 해라.
예
아빠가 일본에 왜 갔다고 했지?
DIY 행사 때문에 갔어요.
DIY가 뭔데?
돈 주고 사는 것이 아니라 스스로 만드는거예요.
아빠가 안 계신다고 엄마가 저를 할머니한테 부탁 했죠? 부엌 일은 저도 할 수 있는데.
이 집은 공부 해야 되겠어. 이렇게 좁은 집에 어디 있는 지 찾을 수가 없네.
세제는 어디 있냐?
여기 오리 머리 누르면 입으로 나와요.
식기 세척기에 그냥 넣어 놓으면 되는데
철꺼덕
윙
윙
척
하예린 TV 리모컨은 어디있냐?
꾹 꾹 꾹 꾹

과천 이멜다

뭐 해 구두 고쳐?
응. 구두 수선 하는 곳에서 너무 낡아서 못 고치겠대.
잣잣
하나 사 신지. 쯧쯧
헌 신발이 편해서 그래.
이 신발 어때?
또. 신발 샀어?
이제 그만 사 수납 공간 없어.
헌 신발을 5년 동안 신으니까 낡지.
으~ 과천 이멜다 돈만 생기면 구두 사니…

맞아!
조만간에
하예린이가
신을 수 있겠구나
많이 사라.
많이 사.
얼마 든지 수납
공간은 만들 수
있으니까.
학교 다녀
왔습니다.
하예린
왔구나.
아빠.
실내화 새로
사줘.
엄마 딸이
아니랄까봐.
너는 또 왜 그래?
그게 아니라
실내화가 작아
벌써.
저번에 245 샀잖아
245도 작단
말이야?
응, 작아
그건 그렇고.
엄마 신발 한번
신어봐.
작아서
안들어 가는데.

주말부부

반꾹씨 이삿짐 안도와 줘도 돼요?
포장이사라 할일이 없어요.
이남희씨

그래도. 남편 인데 끝까지 봐 줘야지.
포장 이사는 정말 할일이 없어요.
이제 혼자 사니까 강인한 여성이 돼 봐.
저기요. 책이 많아서 차 한대 더 필요 하겠는 데요.
예?

무슨 소리 하는 거예요 짐을 보고 견적서 작성 했으니까. 견적서 대로 해야죠.
책이 피아노 세대 무게예요 차 봐요 이렇게 내려 앉았 잖아요.
왜 이제 와서 딴소리 하세요?
조금

이삿짐 맞게 차를 가지고 와야 되지 않아요?
강인한 여성이 되려면 오늘 부터 훈련 해야돼.
반쪽 씨 가 좀 거들어줘요.
책이 이렇게 많이나 올줄은 몰랐죠.
원칙주의자 파이팅
어떻게 됐어요?
씩 씩
자기네 잘못이라고 반반씩 부담 하기로 했어요.
됐어. 차 한대로는 불가능 해.
이제 정말 주말 부부가 되겠네.
우리 가족 에게는 이런 일이 없을 줄 알았는데 결국 오고 말았어요.
하예린 한테 좀 미안 하지…
반쪽씨가 생활 하는데 불편 하겠네.
장단점이 있죠. 단점은 내담당이 아닌 하예린 식사문제가 있고
장점은?
음…. 장점은 청소 좀 덜 하겠지….

청소반장

쓱
쓱
쓱
졸졸 따라 다니 면서 뭐 하는거야?
아무것도 아니야.
이리 줘봐.
안돼.
청소 부장으로서 해야 할일
○ 칠판 닦기 ○ 사물 닦기
○ 창문 닦기 ○ 바닥 쓸기
○ 책상줄 맞추기 ○ 화분물 주기
○ 걸레 빨기 ○ 분리 수거
○ 선생님 책상 정리
○ 칠판 지우개 털기
학교에서 청소 부장이야? 대단해. 이제 인간이 되어가는 구나.
응.내 밑에 10명이 있어
잘 됐네. 이목록대로 실습을 해 봐야 돼
아니야. 잔소리 목록 이야.

전기 연장 코드

아빠!
청소기가 불꽃놀이 하고 있어.
깜짝이야
퍽퍽 퍽 퍽
왜 그래?
모터가 타 버렸어 새로 사야 돼 8년동안 우리집 청소부 였는데
우와 청소기 안에 이런 보물이 있다니
이게 무슨 보물이야 보물은 아무나 하나
청소기가 고장나기를 잘했어
청소기 에서 빼낸 코드
준비물
o 18mm 집성목
o 콘센트
o 타 버린 청소기
220
콘센트
220
청소기 에서 빼낸코드
70
202
스위치 구멍25ø
70

덤벙이

아차.
열쇠
하예린
아빠 늦게 오니까. 열쇠 가지고 가
아빠 열쇠가 없어. 안가지고 갔어. 빨리와.
아침에 덤벙대더니만 쯔쯔쯔…
만용이 기다렸지?

아빠. 이거 학부모 희망 사항 써 오래.
으이구. 덤벙이 괜찮아. 안 아파?
괜찮아.
도장이 있어야 되네.
응. 도아 이으어아대 (도장 있어야 돼)
크으 아파
왜 울어?
아니야. 그냥 엄마가 없어서
엄마, 두밤 자면 와. 엄마보다 재미있는 아빠가 있잖아
크
이제 엄마 없다고 생각해.
크흐흐흐
아빠도 엄마 없이 자랐어.
으흐흐흐흐..

엄마 마음에 안들어

국립극장 봄나들이 행사.
와~
치익
다리는 저기 가서 직접 잘라서 붙여야 돼요.
장민수
허정아
엄마 이것도 할래.
어떻게 하다가 이런 일을 하게 되었어요?
애키우면서 만들어 주다가 그랬어요.
아저씨 다 만들었어요.
와 잘했다 멋있는데 이런방법도 잇었구나.
아이가 어려서 그러는데 좀 도와 주세요.
아~예 먼저 나무 판에 몸통을 붙이고

자. 나뭇가지를 잘라서 꼬리를 붙이면 돼. 붙여봐.
햐- 잘하는데.
다리가 잘 못붙었잖아.
엄마가 하라는 대로 해. 왜. 말 안들어
싫어. 이게 더좋아.
곤충 다리는 가슴에만 붙어 있어요. 이렇게.
아이 하는 대로 나 두세요. 해 주시면 창의성이 없어지잖아요.
아~여 그래. 직접 해봐.
네가 직접 해. 또. 또. 틀렸잖아
그럼 어떻게?
왜 자꾸만 거기 붙이니? 이렇게 해야지.
이것도 새로해. 엄마 마음에 안들어.
저렇게 키우면 나중에 엄마가 더 고생 하는데

몸은 멀어도

대학교 가까이 마련한 번재란 숙소
하예린 일어 났어?
아직 자고있지
지금 몇신데 아직 자? 깨워 줘봐.
하예린- 하예린- 일어나서 엄마 전화 받아.
세수 하고 학교 가야지. 아침은 아빠한테 챙겨 달라고 해.
응. 응. 응. 알았어
2시간후 학교 연구실
하예린 학교 잘갔어? 아침은 먹었수?
잘 먹고 잘 갔으니까. 걱정마.

오후3시
다음 시간에는 이태리 네오리얼 리즘 영화에 대해서 좀더 보충 하겠습니다.
하예린. 학원 갈 시간이야.
알고 있어. 지금 갈거야.
차 조심 하고 학원 갔다 오면 꼭 손 씻어야 돼.
알았어. 알았어. 알았어. 할테니까 걱정 마.
오후8시
저녁은?
아빠하고 국수 해 먹었어
오늘 목욕 하는거 알지? 아빠 바꿔 줘 봐.
알았어. 알았어. 좀 있다가 할거야.
하예린 목욕 꼭 하라고 해. 그리고 TV만 보지 말고 책 좀 보라고 해.
으윽. 엄마의 잔소리 집에 있을때 보다 더 심해
이제 전화 오면 아빠 바꿔 주지마.
여러분 안녕 하십니까?
9시 뉴스
당연하지 당신이 뭔데.

동서 간에

자주 만나지 않는 동서들
오래간 만이네.
그런데 왜 짐승으로 보이고.
친하고 싶지 않은 사람으로 보일까.
정말 이상해. 한집안에서 같이 살아 가는 사람도 아닌데…
헉헉
원인이 뭐지?

이크
올것이 왔구나
어~이 최서방 여기 와서 한잔 하게
자 한잔 하게
자. 건배!
하하하
크크크
하하하
저렇게 좋은 사람들인데 짐승으로 보이는 이유가 뭘까?
며칠후
동생 김서방이 잘못 했구만 사람이 어떻게 그럴 수가 있어
햐―이거다.
드디어 동서들이 짐승으로 보이는 이유를 알았다.
형제간에 전화통화 할때 절대로 장점과 칭찬을 하지 않는다는것을…
어? 그러면 동서들도 나를…

파리 1

퐁 뇌프 다리
쇼를 하네
쇼를 해
하예린
쳐다 보지마
실례야.
보이는걸
어떻게 해
여기에서는
키스가
악수라고
생각해
보통 얼마나
오래 해?
몰라.
좋으면 하루종일
하겠지. 남을 의식
하지 않는 사람이니까.
쪽 쪽
무슨 악수를 하루종일 해
입이 부르트 빘다.
쳐다 보지
말라니까
대단해
그만 쳐다 보고
빨리 먹고 가자

아빠 다리 아파
미술관, 박물관 다 합쳐서 65개나 되는데 벌써 다리 아프다고 하면 한달 동안 다 갈 수 있겠어?
심심해
세계 최고로 재미 있는 도시에 와서 심심하다고 하면 할말이 없다.
친구들 보고 싶어.
엄마는 안 보고 싶어? 한국에 전화 해볼까?
뭐, 깁스 했다고? 왜? 이런 이런
엄마 다리 다쳤어?
엄마, 그러면 목발 짚고 다니는거야?
응, 괜찮아 우리새끼 많이 보고 많이 배워와.
나만 없으면 사고 난단 말이야 조심 하지……
……
와~ 아빠 저기 에펠탑이다
아빠는 에펠탑이 목발로 보여
정말 똑같네

파리 2

♪♪♪
봉쥬~
봉쥬~
이런 모서리에 대고 해봐
물 위에 서도
아빠는 좀 좋아졌다. 하예린 벗어봐.
크 냄새
아직 냄새 나?
도로변에 물흐르게 한 이유를 이제 알겠어
길거리에 개똥이 이렇게 많아서야
아빠, 다 튀어

부르델 미술관 그랜드 홀
아빠. 수요일만 되면 학생들이 이렇게 많아?
프랑스는 수요일에 학교 안가
뭐. 토요일도 놀고 수요일도 놀아.
맞아 주4일만 학교가고 직장 다니는 부모가 있는 학생들은 미술관이나 박물관에 견학가. 그럼 체험학습 이네.
저기 설명 하는 선생은 선생님이 되려고 하는 예비 선생님 이야 교생 실습 하는거지

좋겠다. 수요일도 학교 안가고….
수요일 학교 안가는 나라는 아빠도 처음봐.
우리 나라는 토요일도 학교 가잖아.
토요일 학교가는 나라도 처음봐.
정말이야? 토요일 학교 가는 나라가 우리나라 밖에 없어?
아빠가 알기로는
우리나라는 왜 그렇지?
하예린은 지금 학교 안 가잖아.
맞아 친구들은 지금 시험 중이지.
그만 좋아 하고 빨리 보자.
부르델은 로댕보다 많이 거칠어 보이지? 원래 로댕의 조수였는데 거목밑에 나무가 자라지 않는다고 해서 스승을 떠난 사람이야
단순히 외형적인 아름다움 보다는 마음 속에서 솟구쳐 오르는 감정을 표현 했다고나 할까.
음-듣고 보니 그런것 같기도 하고 아닌것 같기도 하고
이래봬도 아빠가 미술 전공한 사람이야 아빠 말 들어.
음-그런것 같기도 하고 아닌것 같기도 하고

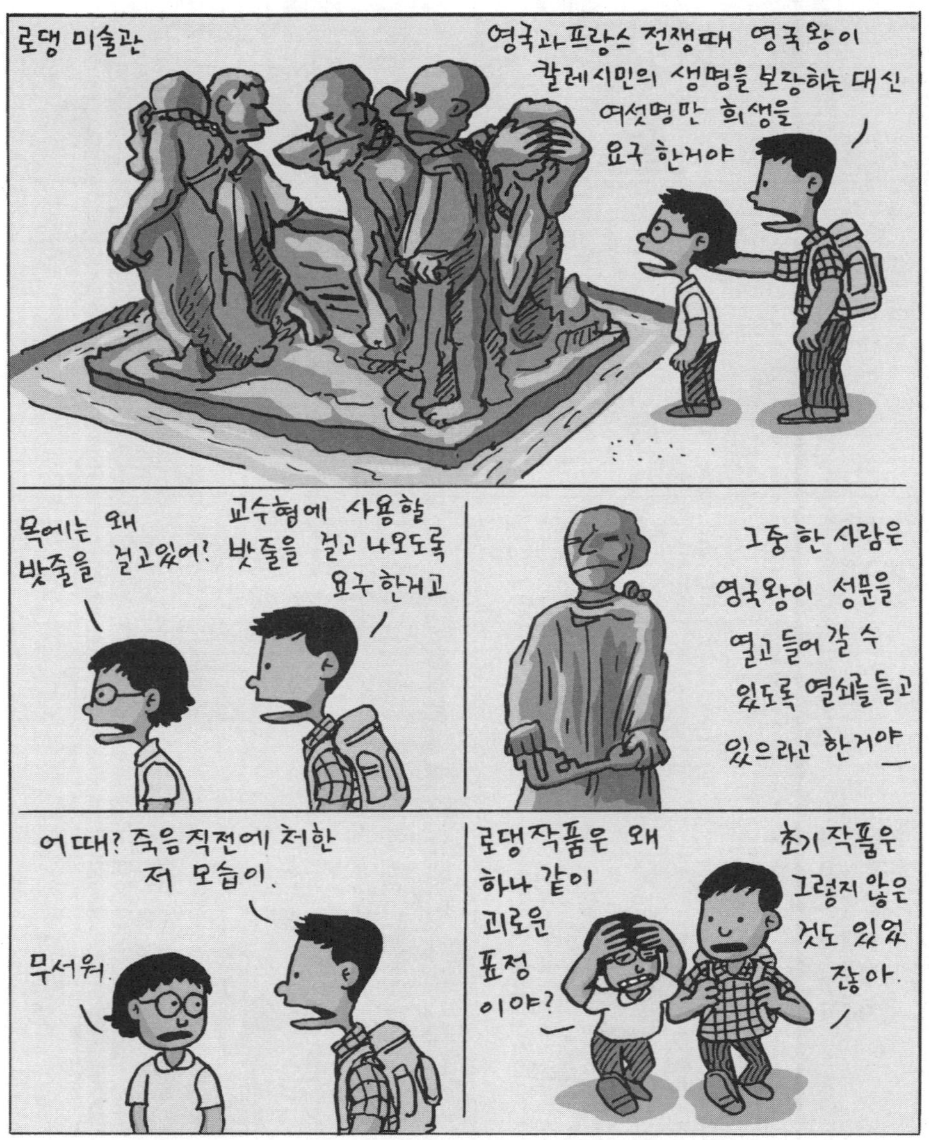
로댕 미술관
영국과 프랑스 전쟁때 영국왕이 칼레시민의 생명을 보장하는 대신 여섯명만 희생을 요구 한거야
목에는 왜 밧줄을 걸고있어?
교수형에 사용할 밧줄을 걸고 나오도록 요구 한거고
그중 한 사람은 영국왕이 성문을 열고 들어 갈 수 있도록 열쇠를 들고 있으라고 한거야
어때? 죽음 직전에 처한 저 모습이.
무서워.
로댕작품은 왜 하나 같이 괴로운 표정 이야?
초기 작품은 그렇지 않은 것도 있었 잖아.

맞아 꽃 장식 모자를 쓴 소녀가 있었지
그당시 작품 경향이 아이스크림 같고 마네킹 같았었는데 로댕은 미켈란젤로 영향을 받고 많이 변한거야.
지옥의 문은 다 완성 하지 못 하고 죽은 로댕의 대표적인 작품 이야.
그게아니라 나이들어서 죽음에 가까와 져서 그런거 아니야?
저쪽 벤치 에서 쉬었다 가자
하! 대단한 정원 이야
조각은 돌을 쪼아서 사람을 만드는 것이 아니라
돌속에 있는 사람을 끄집어 내는 거야
잘 이해가 안 가는데. 돌속에서 사람을 끄집어 낸다고...
그게아니라 작가가 그 심정으로 조각 한다는 뜻이지
하여튼 저돌 속에서 무엇을 끄집어 내고 싶어?
음.... 햄버거

몽파르 나스 묘지
우와—
끝도 없구나
우—
무서워
하예린 어릴때 이런말 한적이 있어
"아빠. 사람들은 죽은걸 보고 왜 무서워해? 살아있는게 무섭지"
내가 그랬어?
그런데 지금은 왜 죽은걸 보고 무서워 해?
나도 그렇게 될까 봐 그렇지
걱정마 인간은 다 죽게 되어 있어
우— 더 무서워
걱정 말라니까 죽는 다는데 왜 걱정이 안돼

누구 묘지 찾아?
여기가 조각가 부르델 그리고 거대한 엄지 손가락 만든 세자르 시인 보들레르 그리고 철학자 사르트르가 있는 묘지야
정말 부르델이 여기있어 찾아 보지-
잠깐 제일 가까이에 있는 사르트르 먼저 찾자
사르트르가 누구야?
실존주의 철학자 사르트르 라고 있어 하예린 크면 책으로 접하게 될거야
실존주의가 뭔데?
지금 얘기 해도 하예린은 이해 하기 힘들어 공부하다 보면 차차 알게 될거야
치―
이해 하도록 얘기 해주면 되잖아
쉽게 말 해서 죽음에 대한 걱정 때문에 불안해 하면서 살아 가지 말란 뜻이야
아~ 그렇구나
음... 잘 모르겠는데
아빠 같이가
하예린 여기가 사르트르 묘지야
다른 묘지 보다 꽃이 이렇게 많은걸 보니 사람들이 이 사람을 좋아 하나봐
하예린 뭐해?
사르트르 할아버지를 나중에 좋아 하게 될지 모르니까 나도 꽃 한송이를

파리 6

바스티유 오페라극장 뒷쪽에 있는 숙소
5층 아파트 1층
소파겸 침대
샤워장
부엌
하예린 기행문 쓰고 자 밀리면 힘들어
창문쪽
으- 피곤해 아빠. 오늘 어디어디 갔지?
마르모탕 미술관에서 모네작품 봤잖아
아~ 맞다 그리고 빵건 비둘기
그래, 그래 빵건 비둘기
빵건 비둘기
야 이거 먹어라
또, 참새가 물고가네
비켜
빠른 참새 때문에 그런지 목에 빵을 걸고 다니는 비둘기. 배가 고플때는 걸고있는 빵을 쪼아 먹는다.
햐- 대단해

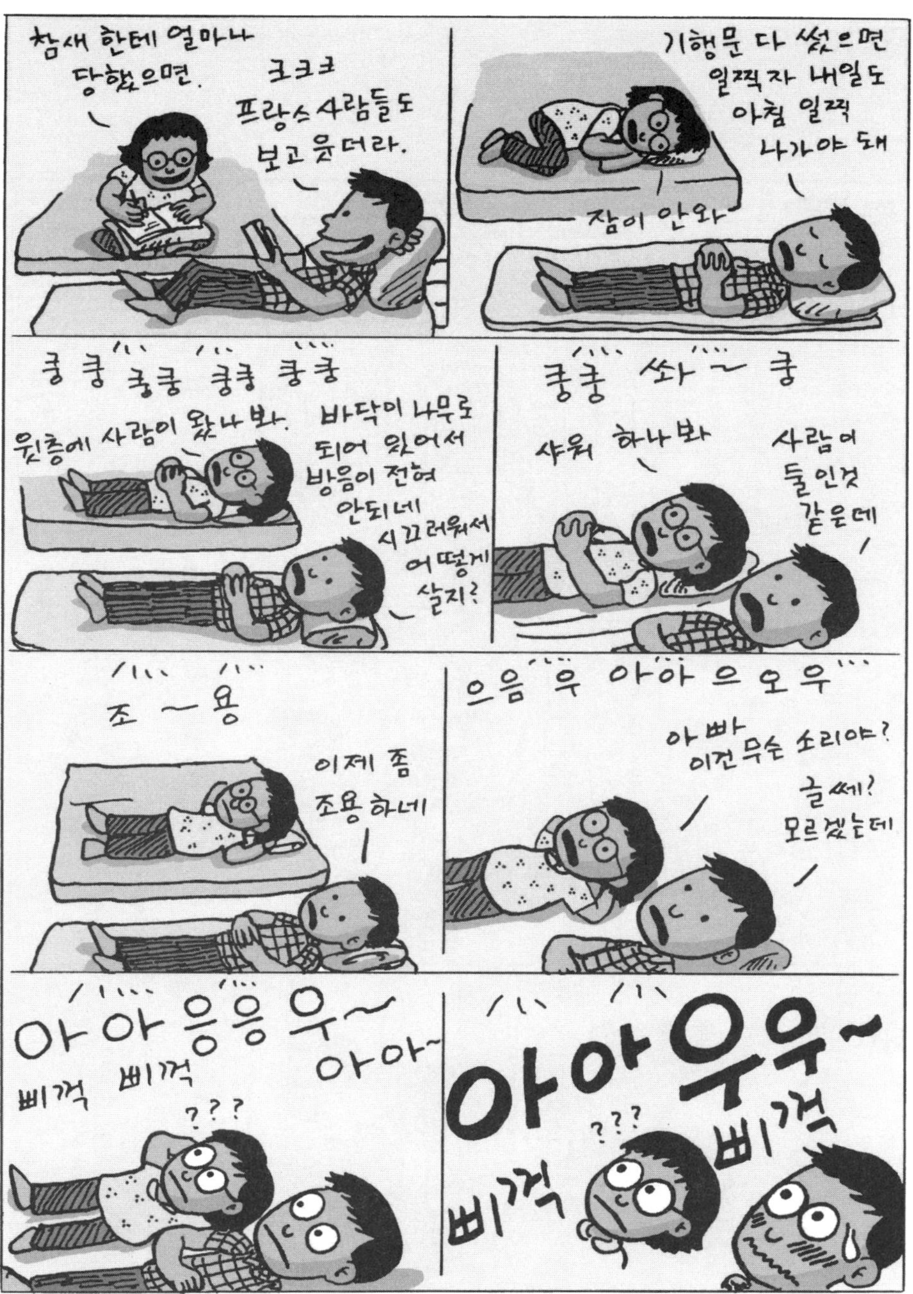

참새 한테 얼마나 당했으면.
크크크 프랑스 사람들도 보고 웃더라.
기행문 다 썼으면 일찍 자 내일도 아침 일찍 나가야 돼
잠이 안와
쿵 쿵 쿵쿵 쿵쿵 쿵쿵
윗층에 사람이 왔나봐.
바닥이 나무로 되어 있어서 방음이 전혀 안되네 시끄러워서 어떻게 살지?
쿵쿵 쏴~ 쿵
샤워 하나봐
사람이 둘인것 같은데
조~용
이제 좀 조용하네
으음 우 아아 으오우
아빠 이건 무슨 소리야?
글쎄? 모르겠는데
아아응응우~ 아아~
삐걱 삐걱
???
아아우우~
삐걱 삐걱
???

열쇠 박물관
피카소 미술관 앞에 있는데……
아빠 저 사람 한테 물어봐
열쇠 박물관이 어디 있어요?
여깁니다.
어휴 여기 있구나.
이제 찾았다
삭
일반은 20프랑이고 학생은 무료입니다 학생증 보여 주세요

이쪽 통로로 내려 가서 보세요
싹
할아버지 혼자 하나봐
바쁘네
싹
틱 틱 틱
우와! 열쇠 봐 이렇게 많아
아빠 사진 찍자
안돼. 저기 카메라 보이지, 우리를 다 지켜 보고 있어.
정말. 우와 저기도 있어 저기도
할아버지 안녕
하여른 보지마 우리를 보고 있다니까
잠시후
이제 나가자
박물관이 이렇게 작아?
싹

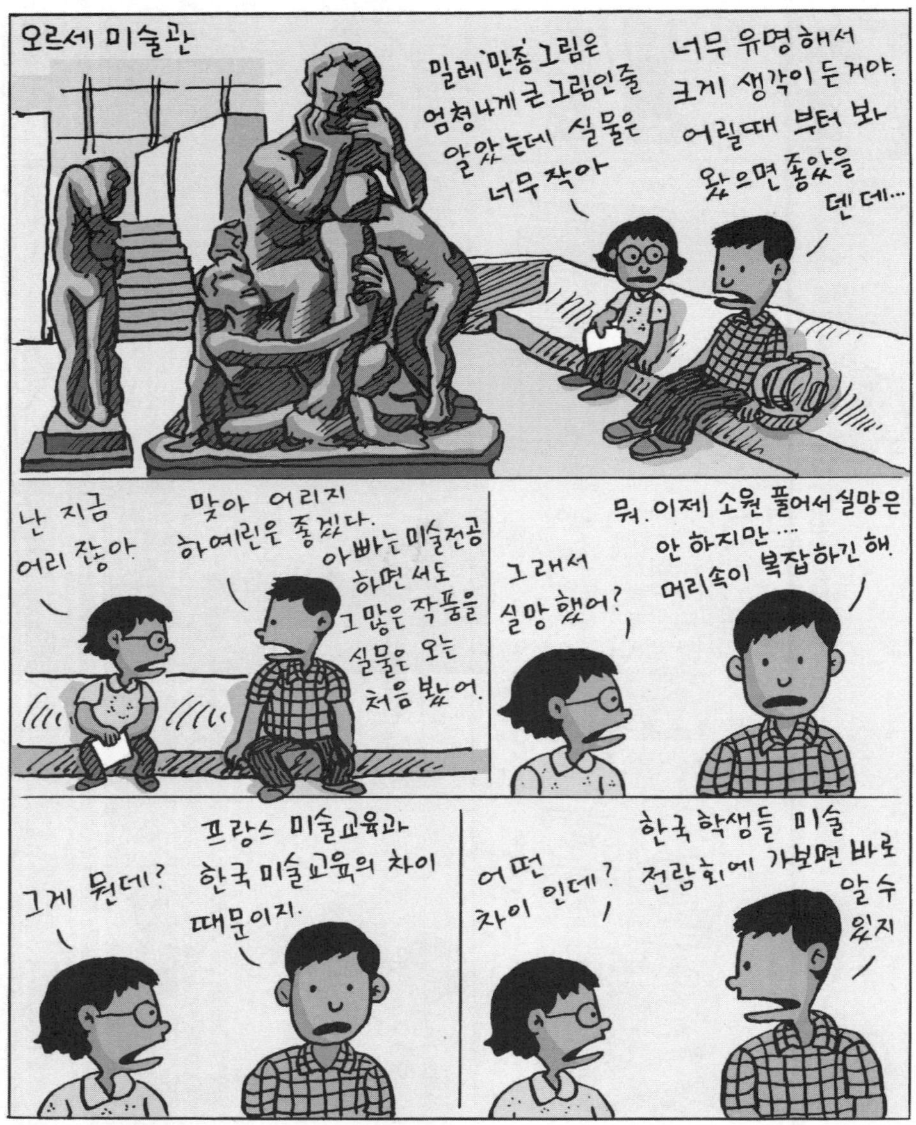
오르세 미술관
밀레 만종 그림은 엄청나게 큰 그림인줄 알았는데 실물은 너무 작아
너무 유명해서 크게 생각이 든거야. 어릴때 부터 보 왔으면 좋았을 텐 데…
난 지금 어리 잖아.
맞아 어리지 하여린은 좋겠다. 아빠는 미술전공 하면서도 그 많은 작품을 실물은 오늘 처음 봤어.
그래서 실망 했어?
뭐. 이제 소원 풀어서 실망은 안 하지만… 머리속이 복잡하긴 해.
그게 뭔데?
프랑스 미술교육과 한국 미술교육의 차이 때문이지.
어떤 차이 인데?
한국 학생들 미술 전람회에 가보면 바로 알 수 있지

풍경화든, 정물화든 그림 스타일이 다 똑같아 누가 누군지 전혀 개성이 없어. 꼭 군복입고 사열 하는것 같이
그게다 어릴때 사생대회나 미술대학 입학시험 때문이야.
프랑스는 사생 대회 없어?
여기는 그런거 없어,
그럼, 그림 잘 그려도 조회 시간에 상 못 받잖아
그게 잘못 된거야 하나 같이 자기의 생각을 그리는데 어떻게 순위를 가리니?
아빠는 조회 시간때마다 상 받았다고 했잖아
그래서 후회 한다는 거야 조회 시간때 마다 상받는 재미로 오직 상 잘 받는 그림만 연구해 왔거든.
할건 다 해놓고 이제 와서
이제 와서가 아니라 그 많은 작가 지망생들이 나이들수록 포기 하게 되는거야
아빠는 나보고 석고 데생 하라고 했잖아?
대학 입시가 그러니 미리 준비 하는게 좋겠다고 생각 했지

세느 강변
아빠 나도 그려 달라고 할까?
안돼. 너무비싸 150프랑 이야
곤니지지와?
코리아
하예린 이리 와봐
아빠가 그려 줄게
저 사람이 더 잘 그리는데
아빠도 저 사람보다 잘 그릴수가 있어
그럼. 그려봐.

집에 가서
그려 줄께
치-
알았어
저쪽에 가서
그리자
저기 멋있는 화가 들이
그려야 분위기가 나는데
알았어.
자 움직이지 마시고
웃으세요.
저기봐
그리는 폼도 멋있잖아
저팬?
코리아

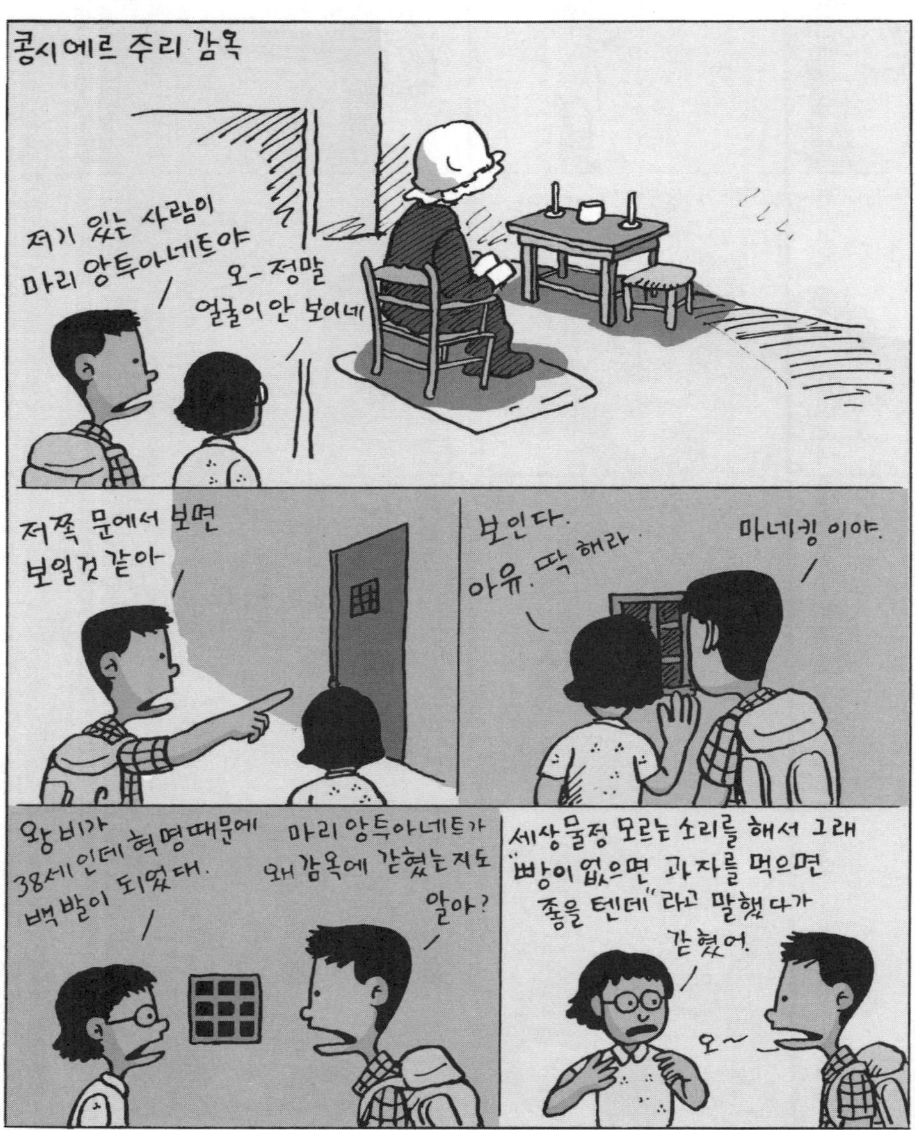

콩시에르주리 감옥
저기 있는 사람이 마리 앙투아네트야
오-정말 얼굴이 안 보이네
저쪽 문에서 보면 보일것 같아
보인다. 아유. 딱 해라
마네킹 이야.
왕비가 38세인데 혁명때문에 백발이 되었대.
마리 앙투아네트가 왜 감옥에 갇혔는지도 알아?
세상 물정 모르는 소리를 해서 그래 "빵이 없으면 과자를 먹으면 좋을 텐데"라고 말했다가 갇혔어.
오~

굶주림에 참지 못한 민중들은 세느강의 흐름처럼 민중의 마음 그대로 진행해 나아가는 것이라고…
처형에 관한 토론에서도 국민의 천리인 주권을 쥐고 국왕으로 군림한 그것이 바로 그의 죄입니다. 라고 했어.
조국이 번영하기 위해서도 루이가 죽어야 된다고 찬성361 반대360으로 한표차이로 처형 당하게 된거야
딱 한표차이로
오~_
루이가 처형 당할때도 내 피가 조국 프랑스의 행복의 디딤돌이 되기를 하면서
오~_
어떻게 그렇게 잘알아?
잊어 책과 비디오를 좀봤지.
하예린 뒤를 봐
어디?
300년전 2600명을 처형 했던 칼날이야 마리 앙투아네트도 이칼날에
우ㅡ 무서워
그래도 이 칼날이 이나라를 발전 시킨거야
우리나라도 이런것이 있었으면 프랑스 처럼 발전 했을까?

낙석주의

으으으
아빠, 왜 그래?
크~
아~하 냉동실 열었구나
쯔르르쯔
냉동실 정리 안하니까 죄 받은 거야
세계 평화를 위해서 못하는 거야.
그게 무슨 말이야?
엄마가 버리는 걸 싫어 하잖아.

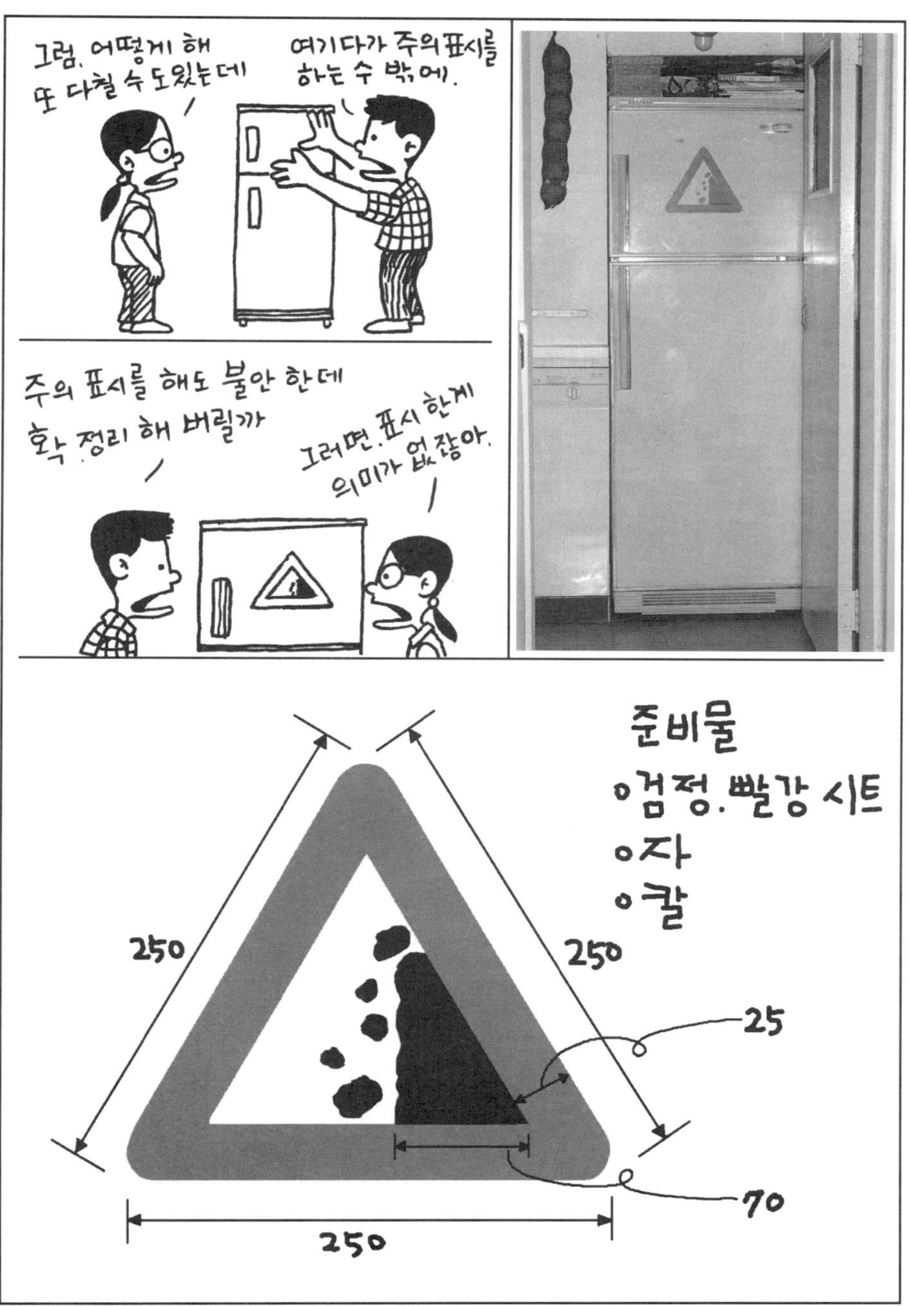

그럼. 어떻게 해
또 다칠 수 도 있는데
여기다가 주의 표시를
하는 수 밖에.
주의 표시를 해도 불안 한데
확 정리 해 버릴까
그러면. 표시 한게
의미가 없잖아.
준비물
ㅇ 검정. 빨강 시트
ㅇ 자
ㅇ 칼
250
250
250
25
70

낙석주의
낙석주의

〈독서록〉 5학년 3반 최하예린
책제목 - 하늘로 날아간 집오리
지은이 - 이상권 생태동화집 〈주인공에게 편지쓰기〉

긴꼬리들쥐에게 긴꼬리들쥐야 안녕?
난 과천에 사는 하예린이라고 해. 너는 참 대단한 것
같아. 풀도 먹고 술, 고양이의 소변등을 먹다니 별걸 다 먹는구나.
더구나 밤송이를 몸으로 밀고 나가다니. 난 참 놀라울 뿐이야.
그집으로 가지 말고 차라리 우리집으로 오지 우리 아빠는 쥐띠
신데 쥐를 정말 좋아 하셔 그런데 어릴적에 너를 괴롭힌
아이 처럼 쥐를 가두고 밤송이로 구멍을 막았대. 내가 왜 그랬냐고
여쭤 봤거든? 그러니까 원래 그러는 거래 저기, 좀 화가
나더라도 이해 해줘 우리 아빠 어릴적 별명이 '골목대장'
이었으니까. 그리고 우리 집에는 먹을것도 많아. 냉장고에
유통기한 지난 우유랑 한달된 김치, 지난 추석에 먹다가 남긴
송편 등등 먹을게 지천에 깔려 있어. 꼭 우리집으로 와야해.
밖은 도둑 고양이들 깔려 있고 또 차들 뒤 꽁무니 에서 나오는
매연으로 참기가 쉽지 않을 거야. 그리고 쓰레기 냄새가 얼마나
심각 한대. 우리 사람들도 환경이 오염되지 않도록 노력 하는데
그게 뜻대로 되지 않나봐 하지만 언젠 가는 아주 환경이
깨끗해 지겠지? 깨끗해 지면 가족들도 데리고 와서 과천에서
살아 그럼 안녕~   -긴꼬리들쥐의 팬 하예린-

애 키우는 후배들

전국에서 가장 살기좋은 도시라는 과천이 보육 관련 제도는 엄망이에요.
다른 시에서는 보육정보 센터를 의무적으로 설치하게 되어있는데 과천은 없어요.
과천 마당극제
반쪽이와 함께하는 곤충 DIY
어린이 집에 다니던 아이가 국 냄비에 화상을 입어서 성형수술 받을 정돈데도 누구 하나 책임지려고 하는 사람이 없어요.
배상 보험도 못받고 있어요.
그래도 많이좋아졌다 내가 애키울 때는 과천에 어린이 집도 없었는데.
지금 시립 어린이 집이 있지만 시에서 직영 하는것이 아니라 위탁 하고 있어요.
역시 애 있으니까 관심이 대단하구나
위탁 기간이 끝날 경우 그동안 보육의 질을 평가해서 재 위탁 여부를 결정 해야 되는데 그런게 없어요.

퇴근이 늦어질수 밖에 없는 부모들을 위한 야간 보육 대책도 마련 해야 돼요
그런건. 일본이 잘되어 있는데
그래서 조례 개정 해서 보육 정보 센터를 만들려고 해요.
보육정보 센터? 어떤 역할을 하게 되는데.
말 그대로 정보죠. 애 키우는 사람들에게 보육 시설이 어떤 것이 있고 시설이나 환경은 어떤지. 또. 보육료는 얼마인지 뭐 여러가지 많죠.
맞아. 애 키우는 사람 한테는 꼭 필요해.
시민 발의로 청구 할 예정인데 1200명만 서명 받으면 조례 개정이 가능 해요.
우리애 어릴 때도 시립 어린이집 만들어 달라고 서명 받으러 다녔었는데…
결국 조금 이루어 졌지만 진작 혜택 받을 우리애는 그동안 다 커 버렸지뭐.
당신들도 결혼 전이나 애 가지기 전에 관심이 있었으면 지금쯤 혜택을 볼텐데.
지금 우리 애가 혜택 보게 하기 위해서 속전 속결로 힘을 모을 거예요.
서명운동 할때도 결혼전 사람들에게도 당신의 미래를 미리 만들어 보세요 라고 홍보하면 되죠.
역시 부성 애는 무서워…

조명기

퍽
아빠 조명이 이상해
전구가 나갔어.
또?
아빠 전구 사 올게.
이제 좀 오래 가는 걸로 사와 아주 오래
이런 전자식은 습기에 오래 못가요.
자, 어때? 이 정도면 오래가겠지
헉! 한 상자나

여분은 유리병 속에 넣고
꼭 계란 같다.
여기에 센서 까지 달면 자동으로 불이 켜져
그럼 스위치도 필요 없겠네
센서
준비물
• 큰 유리병
• 전구 작은것 30개
• 소켓 1개
• 자동 센서

아이의 세계로

안녕 하세요?
하예린 담임 이에요.
아ー
그러세요.
하예린, 청사 앞마당 에서
담임 선생님 만났다.
정말?
연날리고
계시던데,
크~ 선생님이
좀 그래
같이 사진 찍을 때도 학생들은 가만히
있는데 선생님만 손가락을 이렇게 해.

공부시간에도 심심 하면 의자 돌리고
학생들 셀 때도
한 마리. 두 마리. 세 마리.
언어 사용도 아이들 처럼 똑 같이 해
와 짱이다. 나도 나도....
기둘러 (기다려)
수업중에 화장실 간다고 하면 우유통을 꺼내 면서
선생님 화장실 갔다 올게요.
여기.
완전히 아이들 세계로 들어 갔구나. 학교가는 것을 좋아 하는 이유를 알겠어.
화장도 안 하셔.
이 뜨게질도 선생님이 시킨 거야 남 학생들도 다해.
30년전 이자식이
퍽
우— 무서워 슬리퍼로 때리다니
아빠. 왜 그래?

동굴벽화

얼마나 기다렸던가…

가스레인지 손잡이를 누르면 점화가 되고 돌리면 가스가 나와 그러니까. 누르고 돌리면 불이 붙어
가스불 켤 줄 알아. 엄마 보다 잘해.
틱틱틱 퍽
들때는 화상을 입을 수 있으니까. 꼭 장갑을 사용해야 돼.
알아. 해 봤어.
그리고. 냄비 받침대 위에만 놓아
해먹지도 않을 텐데 뭐.
5일 동안 굶을 거야?
친구집에서 얻어 먹지뭐.
미안 하잖아. 해먹기 싫으면 사먹든지.
알아서 할게.

자명종 시계는 바늘을 맞추어 놓고 ON.OFF를 ON으로 올려 놓아야 소리가 나 끌때는 내리면 돼.
틱 틱 틱
안해도 자동적으로 일어나
하기야 일어날 시간 되면 엄마 한테 전화 올거야.
5일 동안 혼자 집에 있어야 되는데 왜 그렇게 좋아해? 무섭지 않아?
전혀
하여튼. 불조심 하고
아빠 간다 안녕
안녕
앗 싸! 자유다 독립이다
흐흐흐 이때를 얼마나 기다렸던가.
따 르 릉 따르릉
엄마 오늘 올라 간다
왜~에?
집에 아무도 없잖아.
내가. 있잖아 올라 오지마 엄마 학교앞에 집도 있잖아. 오면 안돼 정말 안돼.

잠옷파티

잠옷 파티 초대장
○10월 27일
○준비물:잠옷
인형.간식.숙제
나는 잠옷 파티 라는것도 처음이야.
하예린은 별 희한한 파티로 우리를 즐겁게 한단 말이야.
자. 여러분 이제 파티를 시작 합시다. 잠옷으로 갈아 입으세요
잠옷입고 그냥 자는거야?
이렇게 좋은날 잠이와?
초대한 사람이 알아서 진행 하겠지.
야! 우리끼리 밤에 이렇게 있는 것만 해도 재미 있지 않아?
맞아 맞아
엄마들 처럼 수다 떠는 거지뭐
지금 생리 하는 사람 있어?
나
생리대 여기 있으니까 빌려 줄께
옷도 빌려줘.

아빠가 생리통을 만들어 놓았으니까 사용하고 넣으면 돼.
하!
야, 밤에 이렇게 먹고 자면 안되는데
안 자면 되지 뭐.
크크크.
자! 건배 술은 아니지만
학원 없는 세상을 위하여.
하하하
키키키
잠자기 전에 우리 진실게임 하고 자자
그래, 우리 하고 자자.
먼저 좋아 하는 남자 친구 이름대기, 정말 진실로 말해야 돼
으ㅡ아 안되는데
크ㅡ어 떻게
자ㅡ 너 부터
나는 임ㅇㅇ
나는 양××
나는 없어
나는 우리 반 남자 애들 다
우ㅡ와 욕심도 많으셔
우ㅡ그러면 나하고 겹치잖아
하하하
우리는 새벽 2시까지 수다를 떨었다. 그리고 은재가 새롭게 보였다. 내가 귀엽다는 둥 사랑스럽다는둥 하여튼 아주 즐거운 날이었다.
하하하
킬킬킬
크크크

응
엄마, 다 풀었어. 어디 보자
잘했지? 응, 잘했네
10문제만 더 풀어봐.

다음날
하예린. 안녕.
주말에 보자.
잘 있어.
안녕

야호~ 갔다.

아빠 잘테니까 깨우지마.
알았어.

하예린
라면 먹을래?
컵 라면 먹을래?
컵라면

이제 치우자.
오늘 엄마 오는 날이야.
벌써?
만화책

시골체험

변 재란 씨는 부산 영화제 갔다가 목요일 저녁에 옵니다
하예린은 체험 학습 때문에 친구 시골집에 갔는데…
응. 하예린은 오늘 저녁에 온다고 했는데 누구라고 전해 줄까?
변재란 전화가 좀 잠잠해 졌다고 했더니 이제 하예린 전화가 많이 오는구나
따르릉
아빠! 아무래도 하룻밤 자고가야 될것 같아
응. 그래 시골 재미 있지?
풋하하핫
얼굴좀봐
군고구마
꼭 탄광에 온것같다
이것봐 나의 구레나룻

와~하늘 별좀봐
우와 대단.대단
도시에서는 왜 별이 안보여
저기 고구마 자리가 있네
저기는 시골 화장실자리
크크크 그런게 어디있어?
화장실 가봤어?
응. 한번가 봐
화장실만 좋으면 여기도 재미있는 곳인데
얘들아. 이제 자거라.
예~
무슨 잠옷이 이래?
일할때 입는 옷이야
하하하 고무줄옷은 처음봐
나 화장실 가야 되는데 같이가자
으~싫어
나 안가
미안해 나도 따라 가 줄께
절절
풍덩,풍덩 ~으~
빨리해
야 너는 왜 떨고있어?

기록사진

죽순처럼 자라는 아이들을 기록하기 위해 매년 같은 자리에서 사진을 찍는다
장소는 일산 정발산 정자
다래는 키가 얼마야?
162요
이남희
이상경
초등학교 5학년이 162라니
조석곤
김재용
변재란
조호정
최하예린
김다래
모두 다 90년생

다래
호정이
하예린
자—
찍는다
내년에는 하예린이가
반쪽 씨 보다 더 크겠다.

툭 툭
또
시작이야
째려 보면
어쩔 건데
가만히 있는 사람을
왜 그래?
그만 해.
퍽
넌
뭐야?
퍽
퍽
퍽

으~
하몌린 유방암이야?
우~
응 이게 정말
얘들아~ 하몌린 유방암 이래.
유방암 이라니
아~ 왜그래?
한번만 더 그런말 해봐.
흑흑흑
성교육시간
성교육
여자의 몸에 비교해서 이야기 하는 것은 성희롱 이에요.
말로 상대방에게 불쾌감이나 수처심을 주는 것을 언어적 성희롱 이라고 하고
육체적 성폭력은 원하지 않는 육체적 접촉을 하는 행위를 말해요, 즉 입맞춤이나 포옹, 뒤에서 꺼안기, 가슴.엉덩이등의 신체적 부위를 만지는 행동을 말해요
여기 여기
우~
처, 무슨 째미로 사나

문상

어! 호정이도 왔네. 안녕하세요?
혼자 왔어요?
←이남희
조석군→
호정이도 오는줄 알았으면 하예린 데리고 올걸.
혼자 왔어요?
변재란씨는?
바빠서 못왔어요. 문상은 오래간 만에 온것 같아.
반쪽씨 사회 활동을 안 하는구먼.
원래 경조사 담당이 변재란 인데.. 부조 달라니까 계산서 끊어 오라는 거 있죠. 심하지 않아요?
크― 초상집에 무슨 계산서가 있어―

번재란씨가 저번에 부의 봉투를
이만큼 사다 놓았어요.
요즘은 많이 죽는 철이라나
주변 사람들
다 죽어도
괜찮을 정도로
크하하하
반쪽씨는 언제
갈거예요?
같이 온 사람들을
태워서 가야
되니까.
모르죠.
언제갈지.
3시간 후
우리 이렇게 있지 말고
한판 당깁시다
맞아.
우리새끼
우유값이라도
벌어 가야지
반쪽씨 있을때
말조심해 나중에
만화에 나와
괜찮아. 괜찮아
나오라지 뭐.
이~씨
결혼도 안한 인간이
다 따가면 어떻게해
새끼 셋 있는
사람 있으면
나와봐
능력 없으면
낭지를 말지
무슨 소리.
결혼 했는데
마누라 없는사람
있으면 나와봐.
이크~
형님
반쪽씨도
같이 합시다.
초상집에서
이런거 안하면
뭐해?
에~이
나 못해
우와 못한다는 사람이
막판에 다 따가면
어떻게 해?
하하하
문상가서 화투 치는
이유를 알겠구만.

꿈이 아니네

우와
정말 크다
우와아
선배 매번
고마워요 이렇게 도와 줘서
고맙 기는
펑 펑
펑
선배 부탁이
하나 있는데,
크리스마스에 관한
만화 한컷만 이메일로 보내
주세요.
그러지 뭐.
잡지 나오면
보내 드릴께요
수고 했어요.
이제 인터뷰 그만해
피곤해
아빠, 저 초는
왜 안가져가?
타버린 건
필요없나봐

공룡과 겨울바다

1억6천만년 전
경남고성
바닷가
우와
1억년이 넘었는데.
공룡 발자국이 이렇게 선명하다니
어제 지나간 것 같아.
이쪽에서 저쪽으로 간 것 같은데
저쪽 동굴이 공룡집인가봐.
엄마 뭐 해!
그냥 바다 보고 있어
공룡이 여기서 잠을 잔 것 같은데
엄마! 여기가 공룡 집이야

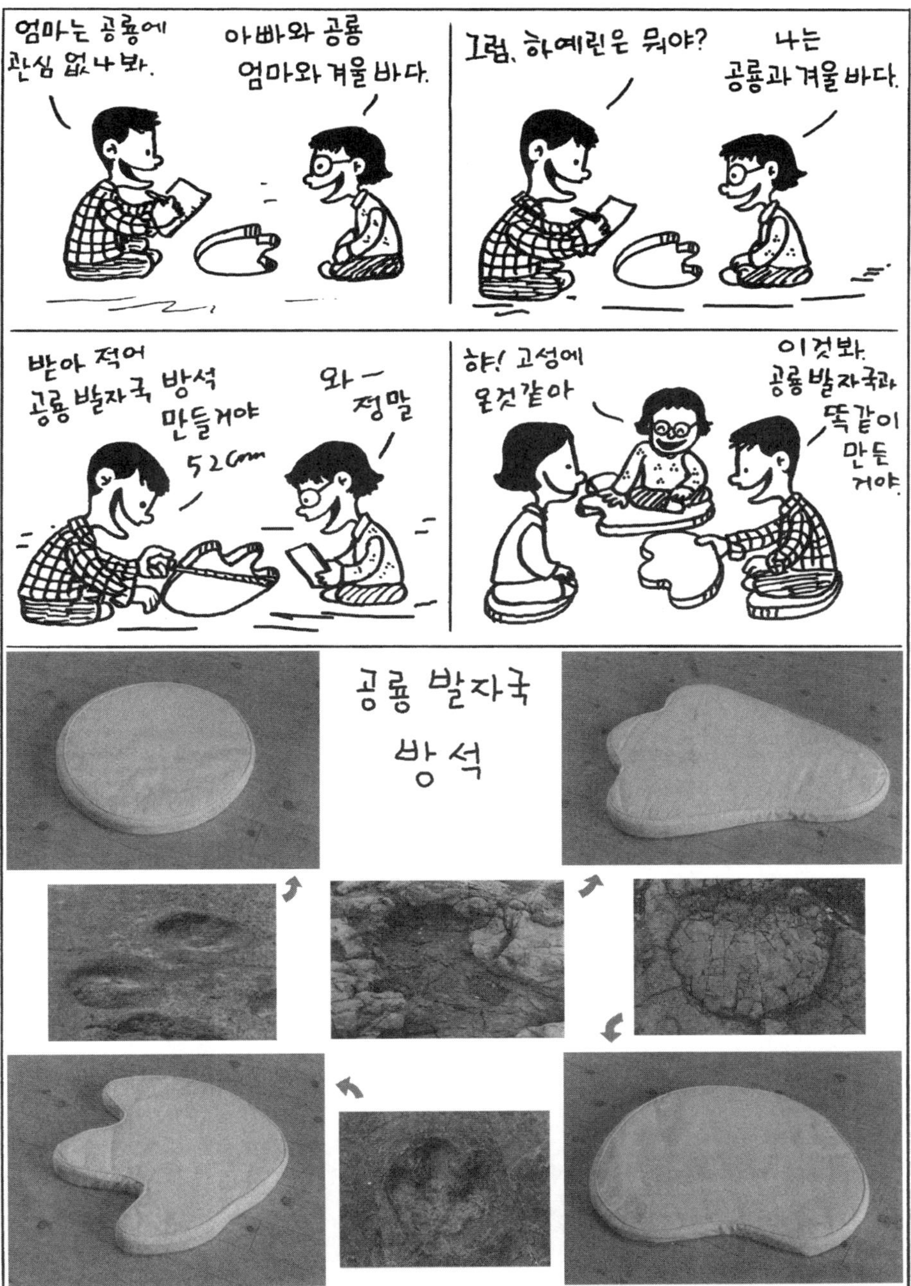
엄마는 공룡에 관심 없나 봐.
아빠와 공룡 엄마와 겨울 바다.
그럼, 하예린은 뭐야?
나는 공룡과 겨울 바다.
받아 적어 공룡 발자국 방석 만들거야 52cm
와― 정말
햐! 고성에 온것같아
이것봐. 공룡 발자국과 똑같이 만든 거야.
공룡 발자국 방석

하예린. 영하 10도야.
추우니까.
이옷 입고 나가.
싫어.
안돼.
감기 걸려.
싫어.
괜찮아.
감기
걸려.
싫어.
내가 감기걸리는지
엄마가
어떻게 알아?
엄마 말 들어.
싫어
안들어
반죽써
하예린 에미
한마디 해 줘

왜,안 도와줘? 하예린 한테 한마디 하랬잖아
하예린은 말로 해서 안돼 옷 제대로 안입고 나가면 감기걸린다는것을 직접 체험 시켜야돼.
감기걸리면 어떻게 하려고 그래?
감기 걸리면 교훈이고. 안걸리면 다행이지 뭐.
아빠라는 사람이 자알 한다
누구 방법이 더 효과 적인지두고봐
그날 오후
엄마 머리아파
그것봐. 엄마가 옷입고 나가라고 했잖아.
애가 열이 이렇게 많이 나는데 왜 웃고만 있어?
다음날
하예린 때문에 내가 감기걸렸어
엄마! 미안해 엄마 말 들었으면…
아빠가 좀 잔인하지 저렇게 웃고만 있는 것봐
역시 내 방법이……
에이취,

다른 생활습관

수건을 이렇게 걸어 놓지 말라고 그렇게 말 했는데
젖은 수건을 펼쳐 놓지 않으면 냄새 난단 말이야 누가 그랬어?
한번 사용한 수건은 세탁기에 넣어. 재사용 하지 말고
안돼

이발소 에서도 말려서 재사용을 안해
여기가 이발소니?
하여튼 뭉쳐 놓은건 내가 제일 싫어 하니까 알아서해.
며칠후
또
도대체 누구야?
뭐가?
서로간의 생활 습관을 10년 이상 조정 했는데. 아직도 고칠것이 있다니.
세계 평화를 위해서 너를 제거 해야 되겠다.
윙

따르릉
따르릉
따르릉
따르릉
따르릉
따르릉
따르릉
따르릉
하예린
전화 받아
엄마
안 계세요
아빠!
전화 받아
오전에
여성 영화제 때문에
나 갔는데
여문으로 전화 해보세요
여문 전화 번호는
저도 잘 모르는데…

따르릉 따르릉 따르릉
따르릉 따르릉
하예린
전화 좀 받아
아빠,어제 밤새워서
자.야 된단 말이야
따따르릉
엄마
안 계시는 데요…
아빠.
전화
네,메모 할 수 있어요
잠깐 만요…
내일 2시 남산국립극장
시사회
아마.저녁 12시
넘어야 들어 올거예요
아빠
전화
네…
메·모·할·수·있·어·요…

화장대

으~ 힘들어.
다른건 다 만들면서 화장대는 왜 안만들어 줘
화장은 화장실에서 하는거야
나는 다리가 떨려서 화장을 제대로 못해
저기 보조 책상 만들어 놓았으니까 거기서 하면 되잖아
안돼 나는 바닥에 앉아서 해야돼
옛날 경대처럼?
그렇지. 그렇지. 바로 그거야.
만들 수 있지만 좁은 바닥에 자리 차지 하고 있으니까 문제지

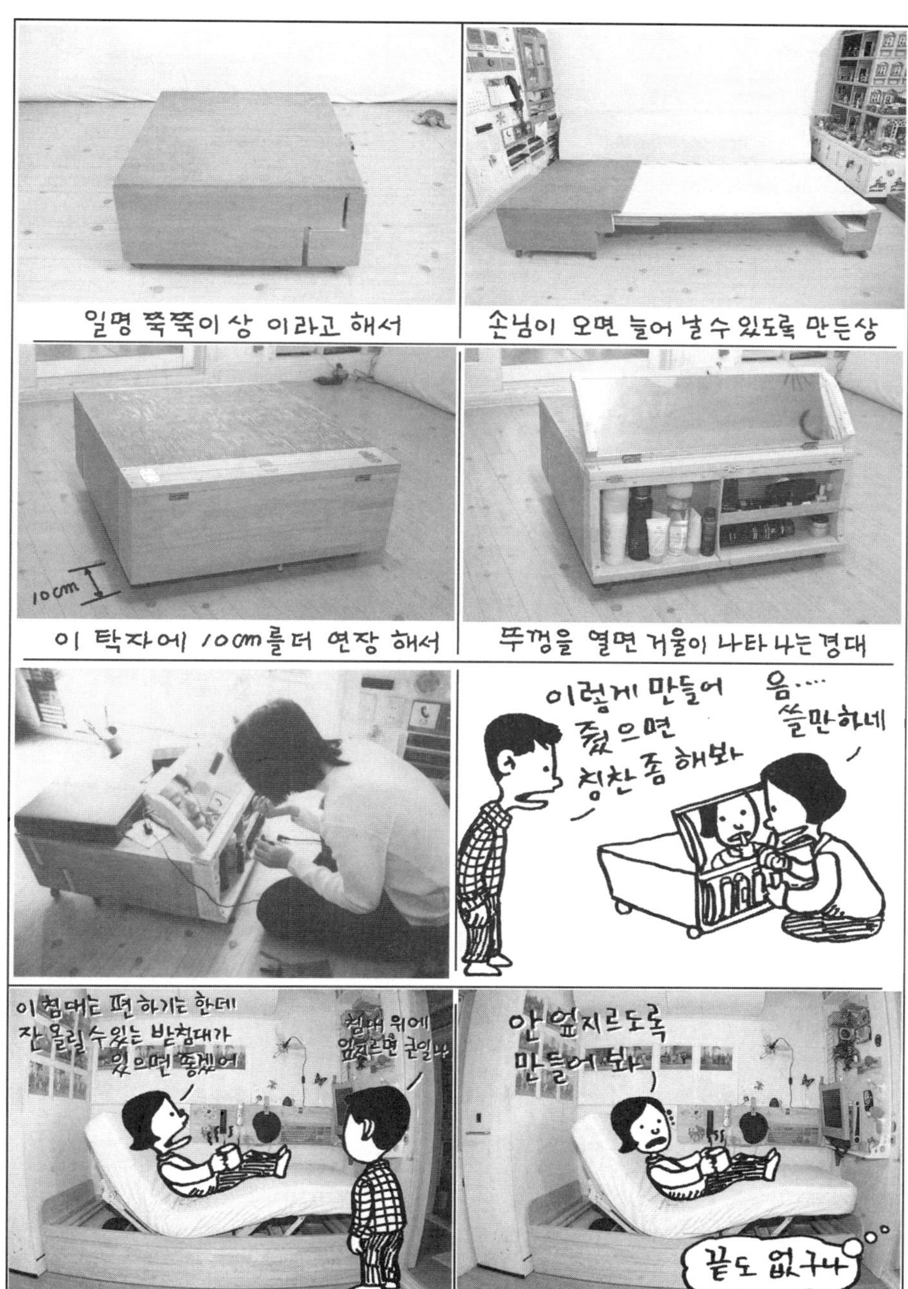
일명 쭉쭉이상 이라고 해서
손님이 오면 늘어 날수 있도록 만든상
이 탁자에 10cm를더 연장 해서
10cm
뚜껑을 열면 거울이 나타 나는 경대
이렇게 만들어 줬으면 칭찬좀 해봐
음.... 쓸만하네
이 침대는 편 하기는 한데 잔 올릴 수 있는 받침대가 있으면 좋겠어
침대 위에 엎지르면 큰일따
안 엎지르도록 만들어봐
끝도 없구나

아빠
내가 커서 뭐가 되면
좋겠어?
학교 숙제란 말이야
내일까지 선생님이
정해 오랬어.
아빠아~
장래 희망
정해 오랬단
말이야.
하예린 꿈이
애기엄마 잖아
아니
농담 하지 말고
정말이야
어릴때 애기엄마
되는게 꿈이 랬어.

아빠아 애기 엄마는 아무것도 모르는 어릴 때 였어.
그럼. 지금은 어른이니?
어른은 아니지만 지금생각은 애기 엄마는 아니야.
그것 봐. 지금 정해도 조금더 있으면 또 변할걸
그래도 장래 희망은 정해 놔야지.
하예린이가 어른 될때 쯤이면 지금 시대와 많이 다르기 때문에 함부로 정할수가 없어.
그럼. 나보고 어떻게 하라는 거야?
미리 정해 놓고 어려워 하지 말고 신중히 생각 해봐.
그리고 아빠가 정해 줄 수가 없어.
애기엄마 말고 또. 뭐 있었지?
놀이방 선생님. 유치원 선생님. 간호사. 요리사가 있었어
아직도 그중에 되고 싶은게 있어?
아니 없어
꿈 많은 시절 이기 때문에 또 새로운거 생길 거야
선생님이 내일 까지 정해 오랬어.
그럼 일단 애기엄마 라고 해.

내 친구 엄마는

엄마 아직 안 왔어?
내일 저녁에 온다고 전화 왔어.
밥은? 친구집에서 먹었어
무슨 책봐? 아빠 한테 온 책인데 재미있어
읽어 보니까 어때? 하나 같이 엄마들이 아이에게 죄책감을 느끼고 있어
일하는 엄마들이 바빠서 제대로 못 돌봐 주니까 그래.
그런데 우리 엄마는 나한테 죄책감을 안 느끼지?

엄마 없어서 슬펐니?
아~니
하예린은 엄마 없는게 편하지?
당근이지 내친구는 자기엄마가 전생에 마귀 였을 거라고 생각하고있어
24시간 감시하고 명령해
한번은 저녁8시에 집에 들어 갔는데 늦었다고 해서 쫓겨 난거야
엄마 때문에 숨막혀 죽겠어
그래도어쩌겠어 들어가서 빌어야지
맨날 공부해라 학원 가라 뭐해라 뭐해라 조금만 놀다 와도 야단치고
그래도 엄마 덕분에 공부 잘 하잖아
공부고 뭐고 가출 해 버릴거야 두고 봐.
그러면 안되지.
그래서 어떻게 됐어 집에 들어 갔어?
아빠 한테 전화 해서 같이 들어갔어 내친구 엄마는 왜 그런지 몰라 정말 답답 해.
이 나라를 이끌 엄마가 아이 에게만 정성을 쏟으 니까 그래
그러면 수령에 빠진 이나라 나 이끌지 왜그래?

옷가지고 왔습니다.
목소리가 유난히 큰
세탁소 아저씨
얼마예요?
오천원
세탁소에
옷 맡기는
사람중에
우리가
제일
많죠?
그렇지
않아요.
과천에는
공무원이
많아서
아~
그래요.
안녕히 케세이
아~여기
잠깐만요.
여기
옷걸이 가지고
가세요.
다른 집도
옷걸이
챙겨 줘요?

그럼요. 철사 옷걸이는 집안에 두기가 뭐하니까 다 챙겨 줘요.
아직도 100개 정도 더 있어요.
사는게 다 똑같구나.
방금 세탁소 아저씨 왔다 갔지?
응. 만났구나.
여기 영수증. 어제 하고 오늘 세탁비 만이천원 하고 오늘 식사비 만육천원
가만히 있어봐 옷 좀 갈아입고
합해서 이만 팔천원
식사비가 왜 그렇게 많아?
하예린 한테 맛있는거 아빠하고 먹으라고 했다면서... 엄마가 돈낸다고
이만원만 받아 반쪽씨도 같이 먹었잖아.
무슨소리 자기옷 맡긴것하고 음식 담당인 사람이 그러면 안되지
알았어. 알았어. 한치도 양보 안하는구나.
우리가 어쩌다가 이렇게 되었지?

쿠~아 냄새
왜. 살살 넣어?
나는 냄새 때문에
확 집어 던지는데
규격 봉투 담는
쓰레기 통
살살 넣는 이유가 있어
궁금. 궁금
탁
전에 이런 일이 있었어
동사무소 에서
벌금
백 만원을
내라는
거야.
왜~?
확. 집어 던지다가
비닐봉투가
터졌나봐
터지면 어때?
쓰레긴데.
동사무소 에서는
쓰레기 봉투가 터졌는 줄도 모르고
아빠 한테 규격봉투에 안넣고
쓰레기를 버렸다고 오해
한거지
그래서.
벌금 물었어?

아빠 가서 그랬지
야— 이노무자속들아
크크크 코미디 하지말고
아무리 말을 해도 아빠말을 안 믿는거야
쓰레기 봉투가 터졌는가 봐요.
무단 투기 한적 없어요.
당신 말을 어떻게 믿어?
정말 당황 했지. 태어나서 이런 일은 처음 이었어.
정말 무단 투기 한적 없어요.
이것 봐요 이게 당신 쓰레기 에서 나온 주소야
결국 인정 한다고 했지. 그 대신 조건을 걸었어 무단 투기한 쓰레기를 다 가져 와서 신고 하겠다고
접수 할테니 얼마 든지 가지고 와요.
30분후 쓰레기 통을 뒤져서 동사무소로 가져갔지
여기 가져 왔으니 조사 해 봐요.
동사무소 직원들은 냄새가 진동하는 쓰레기를 펼쳐 놓고 조사 한 결과 명함 한장을 찾았어.
무단 투기 문제로 동사무소로 와 주세요.
30분후 문제의 그 사람이 왔는데.
이 명함이 당신이 투기한 쓰레기 에서 나왔는데 맞습니까?
저는 명함돌리는 사람 인데요 이동네에 살지도 않고
그후 아빠는 계속 무단 투기한 쓰레기를 동사무소로 가져 갔지.
헤 헤… 또 가져 왔어요. 접수 해 주세요.
당신 말을 믿을 테니까 이제 그만 해요

친구 같은 선생님

학교 다녀 왔습니다.
매일 왜이리 늦게 와?
3학년 7반 선생님 만나고 왔어. 매일 만나.
3학년 선생님을 왜 만나?
3학년 7반 선생님은 5학년때 담임 선생님 이야.
그런데 왜 매일 만나?
선생님이 좋아서 그래 나만 가지 않고 5학년때 같은반 친구는 거의 다 모여 모두 여자 지만
호~ 그래 5학년때 선생님이 그렇게 좋아?
지금 6학년 담임 선생님이 이 사실을 아시면 샘 내시겠다.
알고 계셔, 아무말쏨 안 하시 던데?

5학년때 담임 선생님 만나서 무슨 얘기 해?
지금 6학년 담임 선생님하고 비교 하면서 흉보는 얘기 해.
어떤 흉인데?
숙제 많이 내 주는거 매일 일기 쓰는거
그러면 선생님은 뭐래?
"흥, 나 만한 사람이 없지 아마"
크크크, 재미 있는 선생님 이네. 그런데 왜 여자만 모여?
5학년때 선생님이 여인천하 만들다가 실패한 적이 있어.
여인천하?
반장, 부반장, 임원 모두다 여자로만 구성하는 것이 여인 천하야 선생님 꿈이 여인천하 만드는거 였어 그러니 여자 아이 들이 더 좋아 하지.
또 무슨 얘기 해?
다른 선생님들 고정관념을 엄청 싫어 하시는 얘기도 많이 해.
그런데, 오늘도 선생님 한테 갔었는데 선생님 저 왔어요.
하예린 왔구나. 이리와봐. 할 얘기가 있어 이제 여기 오지마.
왜요?
키키키 만우절)

포스터 물감

아빠 물감이 다 굳어 버렸어.
이리 줘 봐.
쯔쯔 못 쓰겠네.
할 수 없지 뭐. 엷게 칠하는 수밖에.
지저분해 질 텐데…
포스터 숙제가 내일 까진데 대충 하지 뭐
아~있다. 잠깐 기다려 봐.
결국 하예린이 쓰게 되는구나

하예린 이것봐
36색 포스터 물감이야.
새 거야
우~와
이거
언제 산거야?
22년 전에
헉. 나보다.
나이가 더 많네
그런데. 왜 한번도
사용 안했어?
어릴때 꿈이
좋은 물감으로 그려보는
거 였는데.
돈이 없어서 구입
못 하다가
미술 대학 입학 기념으로 구입 한거야.
흐흐흐
드디어 내손에
들어 왔구나.
그런데. 너무나 소중히 여기다가
사용을 못 한 거지
으~
아까워
그후. 22년 동안이나 잘 보관 해 온거야
이사 할 때도
빨리
갑시다
예~
물감
다음날
이 물감 하예린 가지 라니까.
왜 안가져?
아빠가 너무
소중하게 여겨서
괜찮아. 아깝게 생각 하지마.
너무 아끼면 결국 쓸모
없어져.
나중에
아이 낳으면
아이한테 주지 뭐.

내가 네 친구니?

다시 말해보 내가 네 친구야?
다시 말해 잘못 했어가 뭐야? 잘못 했어가
쟤 정말 기분 나쁘겠다.
정말
아빠. 쟤 눈빛봐 끌려 가는 노예 같아
"잘못 했습니다" 라고는 말 안할 것 같은데?
왜 말 안해! 맞아야 되겠어? 내가 네 친구니?
어처구니 없지 평소에 엄마랑 친구 처럼 지내다가 그런 말을 어떻게 해
하예린은 엄마가 저러면 어떤 기분이 들겠어?
아무리 부모라도 갑자기 저렇게 돌변 하면 이상 하지
아니 그게 아니라 엄마가 저러면 어떻게 하겠냐고
아마 두번다시 친구로 지내지 않을 거야 그냥 모녀 관계로 지내겠지
어떻게?
배신 한 친구 대하 듯이 대하는 거지, 뭐.
엄마도 좋은 친구 하나 잃어 버리겠구나

기차대학! 어때 기차지?

한밤중
어휴~ 힘들어
학교 앞에 집까지 얻어 놓고 내일 또 출근 할걸 왜 왔어?
남편 하고 우리새끼 보러 왔지
철인이 따로 없군 5시간을 차속에 있으면서 매일 그렇게 해?
나 새벽에 출근 해야돼.
퍽
다음날 새벽
우리새끼 오늘 또 오는거야?
얼굴도 못보고가네 하예린 잘챙겨줘
와 야지
어휴~ 긴시간을 기차 속에서 지겹지도 않아?

달리는 기차 속에서 수업 준비도 하고 여러가지 생각도 하고 그러면 금방 가.
기차 속에다가 연구실을 마련 하면 딱이겠다.
안 그래도 학교에서 기차타고 오는 교수와 학생을 위해서, 달리는 기차 속에서 수업을 할수 있도록 추진 하고 있는 가 봐.
그럼 수업 준비는 집에서 해야 되겠네.
"덜거덩" 덜거덩
그렇게 되면 할 수 없지 뭐
그러지 말고 기차 카페 처럼 우리 아파트 옆에 기차를 고정 시켜 놓고 수업 하는게 좋겠다.
어차피 수업 하러 가는 거니까?
그러면. 모두 다 편해 지지.
모든 교수집 옆에 기차라
달리는 것 보다 고정 되어 있으면 조용하고 교통비도 절감 되잖아.
학생들 다른 수업은 어떻게 들어?
기차를 더 많이 고정 시키는 거지 대학 이름도 "기차대학" 으로 어때, 내 아이디어가 기차지?
농담 그만하고 나 간다. 안녕~
아니면 교수집을 기차로 하면 출퇴근은 아 예 없어지지
그리고 점심 시간에는 김밥 이나 계란있어요
아빠 밥줘

폭력 남편?

하예리~인
아빠. 아빠. 엄마 다쳤어.
으이구 다치기는 왜 다쳐 왜 웃어?
크크크크 크크크
왔는가?
푸아하하하
웃지마
크크크 하다가 어떻게 그랬어?
자동문에 부딪혔어 갑자기 확 닫히잖아
조심하지 병원에는?

병원에 갔었는데 나을 때 멍이 더 커진대.
쯔 쯔 쯔…… 밥이나 먹으러 가자.
모자 쓰니까 좀 덜 하지?
엄마, 안대 해 궁예처럼
아니면 선글라스
안녕 하세요 어! 눈이 왜 그래요?
안녕 하세요?
글쎄. 자동문에 부딪혔지 뭐예요 멍이 나중에

생각계단

또, 늦었네.
엄마, 같이가
아빠 안녕
하나, 둘, 셋.
넷, 다섯, 여섯
아차— 열쇠
엄마 먼저 가.
아빠. 저기 열쇠 미안!
열 하나
아빠 안녕
하예린은 열 하나
이상 하지. 저 계단 만 밟으면 생각 나는 이유가 뭘까?
엄마! 같이 가.

로마 1

안텐 치오네
(너네들 조심해)
꽉 쨍그랑
아빠! 안 다쳤어?
야! 이놈들아 도망가기는 왜 도망가.
내 이럴줄 알았어 태극기를 떼야 겠어 축구때문에 약이 오를대로 올랐어.
하예린. 바닥 유리 조심해. 핀셋 있어요?
다음날 아침 로마시버
집주인이 태극기만 안 달았어도
외국에 살면 다 애국자가 돼 한국이 이겼는데 얼마나 달고 싶었겠어
코리아노 스X◎*ㅁ!!
아빠. 무서워.
쳐다 보지마. 모른척 해.

왜 축구 하나 때문에 온 국민이 저래?
이 사람들의 최고의 자존심이 무너져서 그래.
오늘은 이 박물관 가자.
조각상이 죄다 머리가 없어.
박해 당한 사람들이 보복 차원으로 날려 버린 거야.
쌍둥이 로물루스와 레무스다.
조상이 늑대 젖을 먹고 자라서 로마 사람들이 다혈질 인가 봐.
2시간후
저 바에 가서 뭘좀 먹자.
와~ 난 아이스크림.
코리아노?
아빠 한국인 이라고 하지마.
괜찮아 시(예)
수다 (남쪽) 세울 (서울)
시 (예) 시 (예)
코리아노 끼~익
아빠 조각상 처럼 목 날리겠대.

하예린
옆에 꼬마
집시 봐
어디?
어디?
눈빛이
다른 사람들과
다르지?
아빠.
쉿―
옷 봐.
뒤집어 입을 수
있는 옷이야
정말
아빠
소매치기
하고 있어
야!
ㄴ하지마

오-노
아빠 대단해.
저것 봐 화났어
또, 뭐야?
옆에 공간이 비어 있는데 왜 자꾸 비집고 들어오는거야
하예린. 이 사람 소매치기 가봐 손을 잘 봐.
알았어.
아빠, 여자 엉덩이 만지고 있는데.
휴-버스 타기 힘드네.
로마는 정말 이상한 곳이야.
가방을 왜 그렇게 하고 다녀?
소매치기 당할까봐

로마 3

아피아 구가도
모든 길은 로마로 통한다는 길이 바로 이 길이야 2천300년 전에 만든 거야.
우~와 대단 대단 끝이 안보여.
이것봐. 기원전 300년 전에 마차가 지나간 자국이 그대로 있어.
아빠. 그런데 기원전은 뭐야?
서력 기원 이라고 해서 예수가 탄생한 해를 말하는 거고. 지금 달력에 표기된 년도는 예수가 탄생한지 2002년이 되었다는 거지.
우리 나라는 기독교 국가도 아닌데 왜 종교 년도를 사용 해?
기독교 국가인 미국 때문에 바뀐 거야. 그 전에는 단기를 사용 한 거고.
아~하 단군!
하예린에게 대충이라도 로마 타임 벨트를 설명 해 줘야 겠어. 이걸 알면 그냥 지나 치지 않을 거야.

로마타임벨트
64
네로황제
도시파괴
기독교인박해
예수탄생
교황이
콜로세움
벽돌회수
바로크시대
베르니니
트레비분수
완공
1944
독일로부터
해방
BC 800 500
500
1000
1500
2002
로물루스와
레무스
312
아피아거리
건설
콜로세움
로마제국
시대
카라칼라
욕장 완성
르네상스시대
미켈란젤로
나폴레옹
로마점령
월드컵
한국에지다
영국에서 시리아까지
좀더 자세한 것은 유적지 갈 때 마다 이야기 하도록 하고 어때?
크크크 월드컵 한국에지다.
다리 안 아파? 6km를 걸어 왔는데.
안 아픈데?
시골 길이라 편한가 봐. 으~ 앞으로 2km를 더 걸어야 되네.
와~ 이 묘지 규모가 대단 하네.
하예린 이리와봐.
???
으~
아니야 그냥가자.

코르시니 궁전
하예린.
엽기 적인 이 그림이
무슨 내용 인지 알아?
그리스 신화에 나오는
프로메테우스 잖아.
제우스 명령으로 프로 메테우스(미리내다 보는자)
는 인간을 만들고, 동생인 에피 메테우스
(나중에 깨닫는 자) 는 동물을
만들 었는데 ······
주절······주절
음······
그래서. 이 그림은 인간에게 불을
준것 때문에 제우스에게
벌 받는 거야.
음······
간은 재생 되기
때문에 제우스가
프로 메테우스를
죽이지 않고,
고통 만 주려고
독수리가 간만
쪼아 먹는대
이 그림은
너무 잔인 하게
내장을 다 뜯어
먹는 것으로
그렸어.

프로메테우스가 어디에 비유되는지도 알아?
불을 못참는 정의로운 사람에게 비유돼.

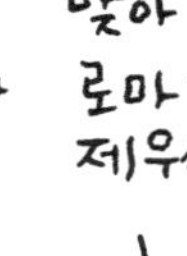

헤브라이즘으로 보면 묘하게도 프로메테우스가 로마 제국에 저항한 예수 같지?
맞아, 맞아. 로마 제국은 제우스 같고.

땅의 여신 가이아를 마리아로 사랑의 신 에로스를 푸토(아기천사)로 가정의 여신인 헤라를 천사로

가부장 적이고 바람둥이 제우스가 여기저기 임신 시킨것과 로마 제국과 비슷해? 지금은 어느 나라와 비슷 한것 같니?
음.... 전쟁 많이 하는 나라가....

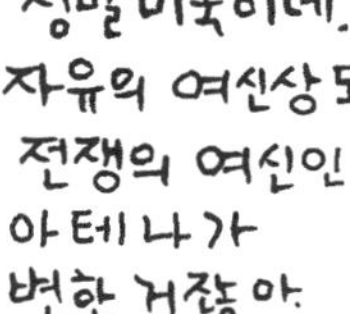

미국은 어때? 로마 제국이나 번개(미사일)던지는 제우스 같지?
정말 미국이네. 자유의 여신상도 전쟁의 여신인 아테나가 변한 거잖아.

창은 횃불로 방패는 독립 선언서로 투구는 하느님을 뜻하는 후광으로 뭔가 자유를 소중히 여기는 것 처럼

원래 심정은 자유의 여신상 보다 아레스를 세우고 싶었을 거야.
......

다른 것도 찾아 보자.
꼭 보물 찾기 같아.

로마 5

진실의 입이 있는 마리아 교회
저렇게 종탑을 여러층으로 높게 만든것이 로마네스크 양식이야.
로마네스크 양식은 언제야?
대략 서기 950년에서 1200년 까지고 그 후로는 고딕 양식이야.
고딕 양식은 어떻게 생겼어?
고딕 양식은 파리의 노트르담 대성당 처럼 작고 가느다란 뾰족 탑이 하늘로 치솟아 있지.
아~하
한국에 있는 교회나 성당이 모두다 뾰족탑 으로 되어 있잖아. 미국에 있는 엠파이어 스테이트 빌딩도 고딕 양식 이야.
문제는 왜 건축물이 창 처럼 뾰족하게 되었는지 알아야 돼.
???

그때는 인간 보다 신을 더 중요시 했고, 개인의 자유나 권리보다 신분이나 지위, 상하 관계의 질서만… 오직 수직 관계였지.
권위가 있으려면 높아야 되겠네.
그렇지. 이제 이해하는구나. 그 다음에.
또 있어?
들어 봐, 하예린이가 이런 역사적 이즘들을 이해 못하면 안 보여.
알았어.
바티칸에 갔었지? 성당이 어떻게 생겼어?
돔! 뾰족탑은 없고 둥근돔이 있었어.
하여튼, 대충이래
로마네스크
고딕
르네상스
와~ 진실의 입이다.

아까, 수직 권력 이야기 했지. 여기에 반항 해서 인간적이고 자연적으로 살자고 한것이 르네상스야.
그럼, 르네상스 시대의 성당은 어떻게 생겼어?
맞아. 둥근돔이 있지. 우리나라 국회 의사당이 그래.
그럼, 국회 의사당은 르네상스 영향 받은 거구나.
진실만 말한다는 바다의 노신 오케아노스다.

로마 6

로마 에서 북동쪽으로 31km 지점에 있는 티볼리
지도에는 안 나와 있어
아빠, 저 가게에서 물어 보자.
버스티켓은 어디서 구입할수 있어요?
?
?
영어 할 수 있는 사람이 없어요.
뭐라고 하는거야?
영어는 못하지만 이태리어로 가르쳐 주겠다는거 같은데.

으-답답해 아빠 약도 그려 달라고 해.
왼쪽으로 가다가 오른쪽으로
열심히 가르쳐 주기는 하는데 하예린은 알겠어? 아니
영어 공부 해도 아무소용 없네.
세계에서 영어 사용 하는 나라가 별로 없어
1시간후 다리 안 아파? 아빠. 쉬었다가 가.
그려준 약도는 이해가 안돼 이쪽길이 맞는데 오른쪽으로 가는길이 안 나오잖아.
계속 가면 나오겠지.
또 1시간후 흑- 두시간 동안 걸어 왔는데. 제자리에 왔잖아.
아빠 왜 그래?

쿠아앙앙앙앙
가다가 죽어 버려라.
쿠아앙앙~
더운데 짜증 나게시리
로마는 남 배려 안 하는 데는 뭐가 있어.
민속 박물관
촬영 됩니까?
촬영은 안됩니다. 전시장은 O층, 1층에 있습니다.
아빠, 전시장이 너무 어두워
전시장에 불좀 켜 주세요

※ 로마 박물관 과 미술관의 친절, 시설, 볼거리, 촬영, 가방보관 등으로 점수 매긴 표

○국립 현대 미술 갤러리	★★★★	○ 보르게제 박물관	★★★★
○나폴레오니코 박물관	★	○스파다 갤러리	★★★
○ 누오보 궁전	★★★★	○ 악기 박물관	★
○도리아 팜필리 갤러리	★★★★	○알템프스 궁전	★★★★
○베네치아 궁전	★★	○ 줄리아 빌라	★★★★
○로마 국립 박물관	★★★★★	○ 코르시니 궁전	★★★
○ 바르베리니 궁전	★★★★	○콘세르바토리 궁전	★★★★
○센트랄레 몬테 마리니	★★★★★	○피콜라 파르네시나	★★★★

포토
포토
이쪽
이쪽
어두워서
배경이 안 나올텐데
카메라가 이상해
셔터가 안 눌러져
아빠.
안 찍고
뭐해?
경찰입니다
여권 좀 봅시다.
아빠.
경찰
이래
어. 어.
왜 이래요.
아빠
무슨 일이야?

무슨 호텔에 며칠 있소?
베네치아 호텔 2일간
피라미드 호텔 4일
당신은?
ㅋㅋㅋ
돈은 얼마나 있소?
2천 달러 6백유로
5유로
당신은?
ㅋㅋ 윽
너 웃지마
미안 합니다 코카인 밀거래 인 줄 알고
휴~
한달 있다 보니 별일이 다 생기네. 그런데. 왜. 경찰 질문에 거짓 말만 했어?
한달 있다거나. 민박 한다고 하면 일이 복잡 해져.
ㅋ~ 피라미드 호텔은 정말 있는 가 보다. 믿는거 보면
아까 사진 찍어달라는 사람은 정말 코카인 밀거래 하는 사람인거 같아 카메라 셔터가 이상 했어.
로마에는 코카인 거래를 많이 하나봐
저번에 스페인 계단에서 코카인 밀거래 하는거 직접 봤잖아.
아빠가 거짓말 할때 무서웠는데 웃음이 나면서도 아빠는 대단해. 거짓말을 머뭇거리지도 않고 거짓말을 머뭇거리지도 않고 대답하는거 보면…
대학교 다닐때 검문 당한 경험이 많아서 그래. 이정도는 아무것도 아니지.

로마 9

아빠, 표지판 봐.
왜?
한국은 엄마와 아인데. 여기는 아빠와 아이로 되어 있어.
오! 정말.
차조심 해.
비슷해. 비슷해.
하예린~ 찾았다! 이리 와 봐.
하예린~
잠깐만.

무해?
아빠 이거보다 이게 무슨 뜻이야?
변기 더러워 진다고 앉아서 일보라는 뜻이야.
서서 누면 왜 더러워져?
정확 하게 조준이 안되면 변기가 더러워 지지.
맞아. 맞아. 남자도 앉아서 눠야 돼.
한국에는 이런 그림 보다 시적인 글귀로 표현 해 놓았어.
어떤 글귄데?
"남자가 흘리지 말아야 할것은 눈물만이 아니다" 라고
크아 하하하
이리 와 봐 푸생 동상 찾았어.
푸생?
17세기 프랑스 화가야. 라파엘 처럼 주로 역사.종교.신화그림을 많이 그린 사람이야.
아~ 니콜라스 푸생. 아폴론과 다프네 그린 사람 이잖아.
아니, 저놈의 강아지가
저기도 글귀가 필요해. "강아지가 흘리지 말아야 할것은 침만이 아니다" 라고.

하예린 일어나.
밥먹자.
몇시야?
10시
오늘 로마 마지막
날이야
벌써 한달이
지났구나!
자 멸치.
멸치도 이거 밖에없어.
이제 한국에서
가지고온 반찬은
없어?
없어
이거 먹고 나가서
피자 사먹자
아ㅡ
맛있는 피자도
오늘이 마지막이구나.
이태리
아이스크림도 마지막
이야.

우노, 두에, 트레, 콰트로, 친퀘, 세이
세테, 오토, 노베, 디에치
와 ─ 다 외웠다.
이태리 숫자
하예린
저기
시커멍
시커멍아
내일 부터 못 보겠네
잘있어
집 앞에서 매일
하예린을 반겨 주었던
시커멍게
생긴개
아빠
사진 찍어 줘
알았어
시커멍
웃어봐.
하나, 둘
찰칵
아빠.
개는 몇년 살아?
14 년정도
다음에 오면
못보겠네…

대안명절

여성에게 힘든 명절, 남성계통의 차례, 딸과 며느리에 대한 이중의식, 아들타령, 교통지옥 이 모든 것이 필요없는 대안 명절을 소개합니다.

4년 전부터 매년 대안 명절을 치러온 처가의 경우입니다.

명절때 교통문제를 피하기 위해 주로 5월중 좋은날을 택해서 모입니다.
이크~ 벌써 오네
우르르

친척이 다 모이면 50여명 당연히 좁은 집에서 모일 수 없어 공원을 이용하죠
우르르
와 이쪽이 좋다
아빠! 뭐해? 빨리와

이 행사에서는 늘 어르신들께서는 전통의식을 전혀 하지 않아도 감동이 너무 벅차 눈시울을 적시죠, 그리고 모두가 즐거운 표정입니다
고맙다 정말 고맙다 흑~
하하하 또 우신다

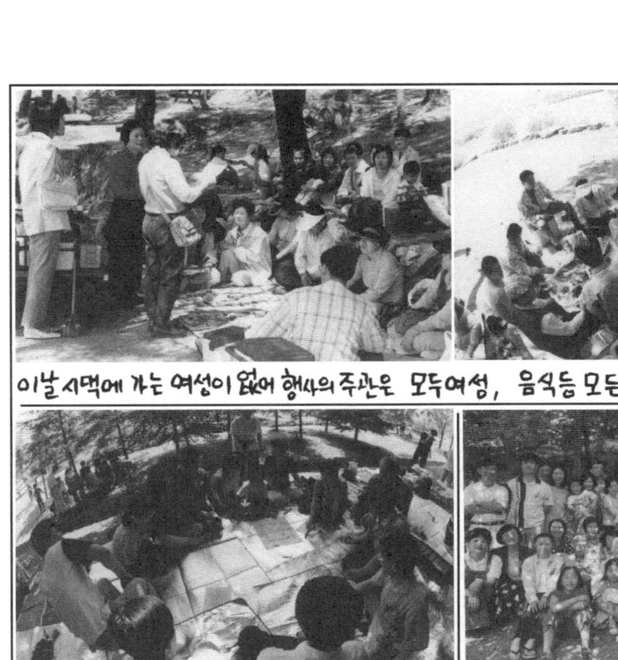

이날 시댁에 가는 여성이 없어 행사의 주관은 모두여성, 음식등 모든 비용은 회비로 해결

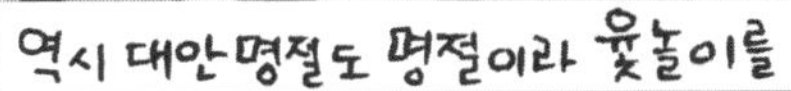

역시 대안명절도 명절이라 윷놀이를

1999년 경기도 분당 중앙공원에서

2000년 전라도 백양사에서

2001년 경기도 수원에서

2002년 서울 대공원 호수가에서

초등학교 마지막 운동회

6학년 7반은 어디 있어?
저쪽에 있어요
와~
오늘은 즐거운날 신나게 뛰어보자
크아~ 먼지~
시작한다 출발
아빠 아
하예린~
김밥은?
저쪽 나무 밑에 있어
안녕하세요?
내 짝꿍 애완용 돼지야
주인은 저쪽에 있어 크아하하 주인도 있어?

동성애 이리 와봐.
왜?
이쪽 애완용 돼지는 얘가 주인이야
너는 왜 동성애야?
이름이 김동석 인데 친구들이 그렇게 불러요
별 꼬투리 다 잡는구나 기분 안 나빠?
얘들은 착해
야! 강지민 이리와 봐
얘가 나보고 하마 라고 하는 애야.
안녕 하세요
키 차이 보니까 하마로 보이겠다.
하마 우리 (우리 집을 뜻함) 구경 한번 하고 싶다던 바로 그 애야.
너 구나 크 하하하
아빠! 이것봐 내가 꾀집은 거.
아저씨 사진 찍어 줘요 증거로 남기게.

국
강
4

이야호
펑
애, 차 있는 곳에서 놀지 말고 놀이터에서 놀아.
아저씨 차에 안 그랬어요.
다른 사람 차에도 하지 마.
자기 차도 아니면서
이야호
펑
애, 이리 와봐.

왜요, 아저씨 차가 아니잖아요?
다른 아이가 네 아버지 차에 그러면 어떻게 할래?
히~ 우리 아버지는 지방출장 갔기 때문에 괜찮아요.
지방에 있는 아이도 너처럼 할 수도있어.
헉 정말이에요?
지방에도 너보다 심한 아이도 있고, 덜한 아이도 있고 너하고 비슷한 아이도 있어.
설마....
만약에 너보다 심한 아이가 네 아버지 차에 그러면 어떻게 할래?
그러면. 죽여 버릴꺼야.
놀이터 에서 놀아라 옆에 놀이터 있잖아.
치~
야! 하지말라고 했잖아
이야아~
펑
저게 방금 깨달아 놓고
이야호
펑

하예린.
다음 단원이 목공 인데에~
아버님께서 좀 도와
주실 수 없을까?
한번 물어 볼게요.
아빠,
실과 수업을 공방에서
할 수 있어?
43명 모두?
좁아서
안돼
11명씩
가면 되잖아
그럼
4일 동안?
책꽂이 43개 재단 하고
4일 동안 매일 2시간
정도 하면
되는데…
안된다고 그래요
왜 학부모 한테
그러는지
몰라
다른반은
어떻게
했대요?
다른반은 그냥
잘라져 있는 것을
문방구에서 사서
못과 망치로 교실에서
만들었다는데
그런데
그게
좀 ....
그럼.
그렇게 하라고
해요

아빠.
아아 앙앙앙앙앙
안된다고
해요
왜. 우리나라 학교에는
목공 교실이 없지.
아빠! 어떻게 됐어?
내일 제작도
그리기로
했는데.
아빠,
곡선도 돼?
뭐, 곡선?
당연히 안되지
왜. 안돼?
곡선 양곡면 86개를
아빠가 어떻게 잘라
그럼, 아빠를
위해서 직선만
하라고
할게
직선이라도 다 똑같지
않으면 일이
많은데…
아빠!
아이들 상상력이
풍부 한거
알지?
알지만
좀 단순 하게 하라고
해
나는
아빠를 위해서
제일 단순 하게 할거야.

엽기 목공교실

하예린 학교 운동장
우ㅡ씨 무거워
다치지 않을까요?
톱 사용만 조심하면 괜찮아요
오늘 하예린 아버님이 1일 목공교실을 열기로 했어요 자ㅡ박수
안녕하세요
와ㅡ반쪽이 아저씨다
짝짝짝
여기 여러 공구중에 다칠 수있는 것이 톱인데
사용하는 요령만 알면 안 다쳐요
이렇게 한손으로 자르면 옆에 누르고 있는 손을 자를 수 있으니까 톱은 두손으로 잡고 하세요
손이 잘려 나가면 살아 가는데 불편 하겠죠.
으ㅡ무서워
학교에는 작업대가 없기 때문에 스탠드에서 하는데 나무판을 누르는 사람은 신발을 벗지 마세요
발가락이 잘려 나가는 것 보다 신발이 잘리는게 낫겠죠
크ㅡ또.

조별로 나누어서 톱으로 재단 하고
재단한 사람은 드릴로 구멍을 내고
나사를 박으면 돼요. 그리고 사포질로
마무리 하세요.
이 나사가 접시 머리 나산데
접시 머리가 나무판 속으로
들어 갈 수 있도록 구멍을
넓혀 주세요
이 드릴이
그 역할을
하는 것이
에요.
빨리 해
하고 있잖아
비틀어졌다
8조 앞 번호가
누구야?
저요
똥구멍 넓히는거
좀 줘봐
하예린
똥구멍 넓히는게 뭐야?
귀뚫는거
빨리해
나사 구멍
넓히는 드릴을
똥구멍 넓히는 거라고
하고 드라이브보고
귀뚫는 거라고 해.
크~
바로 별 명이
붙는구나.
한손으로
하지 말랬지
톱으로
장난
치지마
드릴을
던지면
안돼
시멘트에다가
그러면
안돼
안돼
안된다고
했잖아
그러면
안돼
후~ 힘들어.
여학생들은 조용히
잘 하는데…
힘들어?
안돼

벽걸이 스캐너

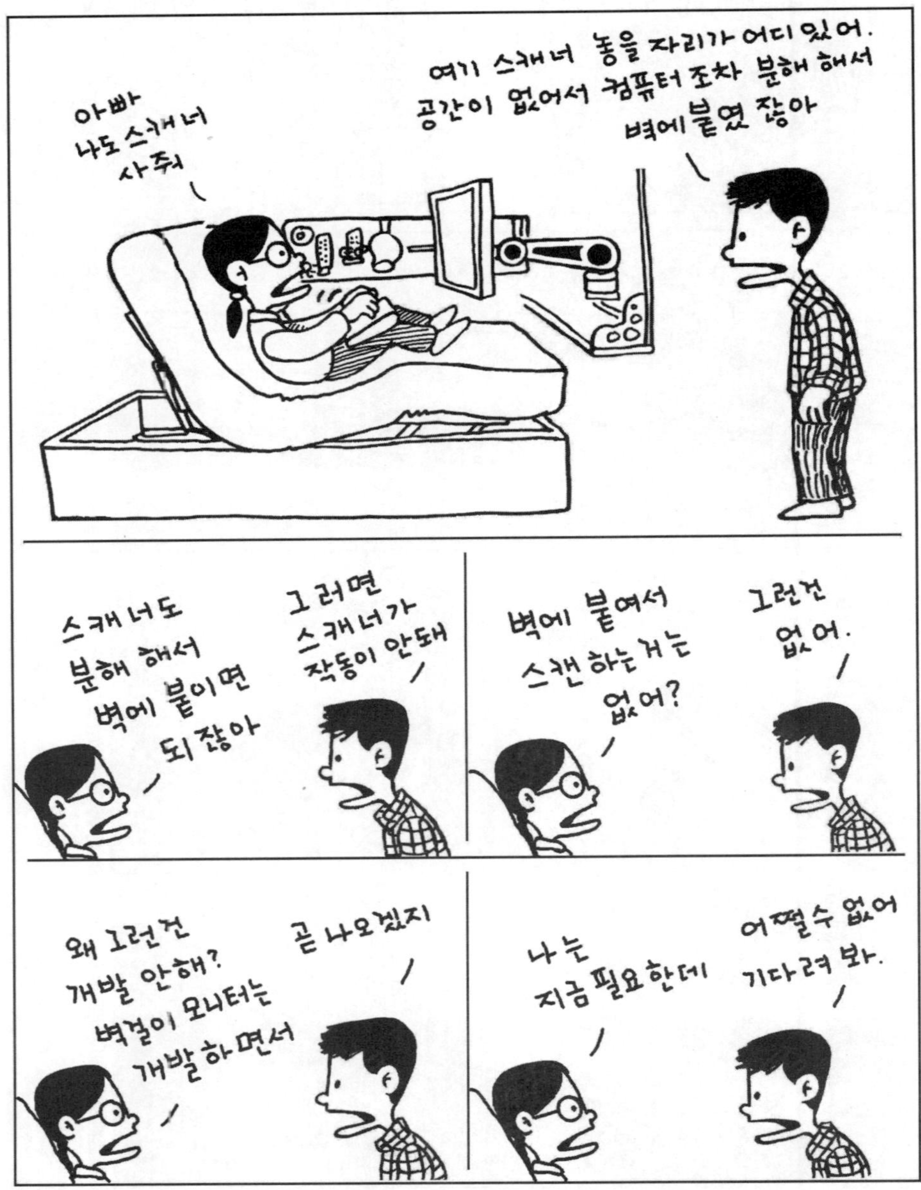
아빠 나도 스캐너 사줘
여기 스캐너 놓을 자리가 어디 있어. 공간이 없어서 컴퓨터 조차 분해 해서 벽에 붙였 잖아
스캐너도 분해 해서 벽에 붙이면 되 잖아
그러면 스캐너가 작동이 안돼
벽에 붙여서 스캔 하는거는 없어?
그런건 없어.
왜 그런건 개발 안해? 벽걸이 모니터는 개발 하면서
곧 나오겠지
나는 지금 필요한데
어쩔수 없어 기다려 봐.

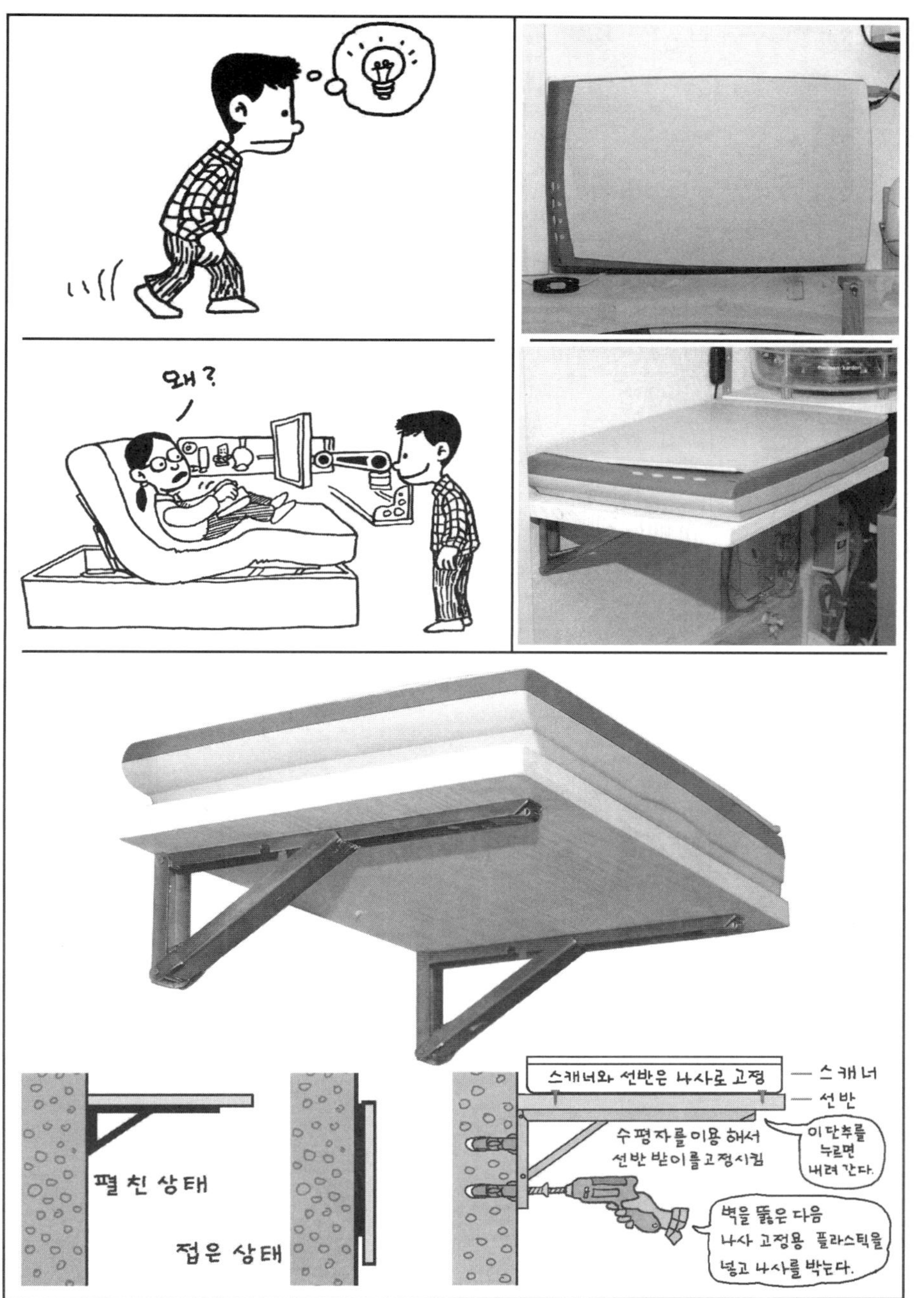
왜?
스캐너와 선반은 나사로 고정
— 스캐너
— 선반
수평자를 이용해서 선반 받이를 고정시킴
이단추를 누르면 내려 간다.
벽을 뚫은 다음 나사 고정용 플라스틱을 넣고 나사를 박는다.
펼친 상태
접은 상태

오래 사는 거북이

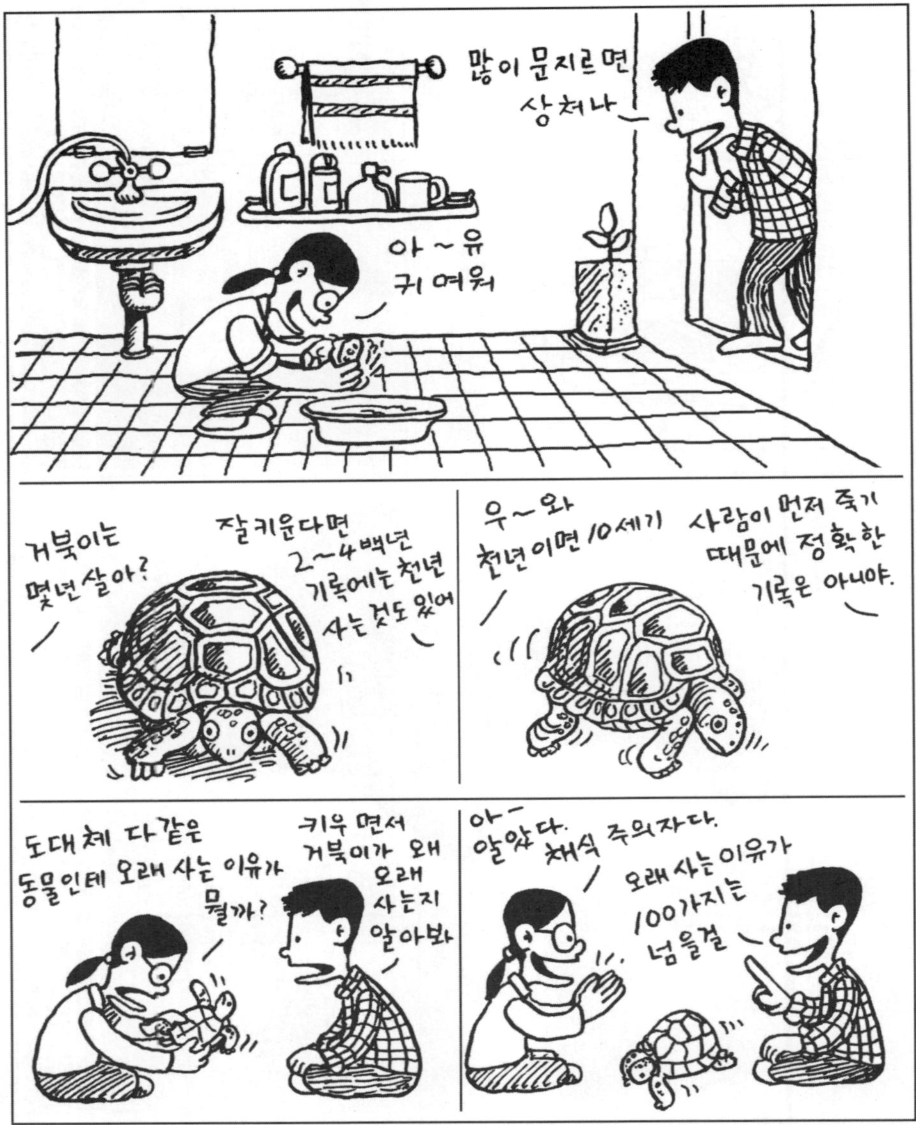

많이 문지르면 상처나~
아~유 귀여워
거북이는 몇년 살아?
잘 키운다면 2~4백년 기록에는 천년 사는 것도 있어
우~와 천년이면 10세기
사람이 먼저 죽기 때문에 정확한 기록은 아니야.
도대체 다 같은 동물인데 오래 사는 이유가 뭘까?
키우면서 거북이가 왜 오래 사는지 알아봐
아~ 알았다. 채식주의자다.
오래 사는 이유가 100가지는 넘을걸

거북이일기에 적어봐 학교 숙제 잖아.
맞아 애완동물 기르기 숙제 있지
추우면 겨울 잠 잔다 집을 가지고 다니기 때문에 적이 나타나면 바로 숨을 수 있다.
느리다.
남을 욕하거나 해치지않는다.
고민 하지 않는다.
욕심이 없다.
학교에 안간다.
짝궁이 때리지않는다.
숙제도 시험도 없다.
인터넷 안한다.
엄마 잔소리 없다.
TV도 안 본다.
아유—피곤해 웬 거북이?
엄마. 오래 살겠어 거북이 처럼 채식주의 잖아.
그런데,
일을 많이 하면 거북이 처럼 오래 살지 못해.
얘가 무슨 소리 하는 거야?
엄마! 유명한 사람이 왜 요절 하는지 알아?
엄마 바쁘니까 아빠 한테 물어봐.
들어봐. 중요해 빨리 죽는 이유는 거북이가 40년 동안 할 짓을 30년안에 해 치우니까 그래.
말 되네.
너나 거북이 처럼 살아.
하예린—
거북이 그만 만지고
공부해.

양성평등

자, 다 함께 양성 평등 저해 하는 말들을 읽어 보자
먼저, 여자는 얌전 하고 나서지 말아야 한다.
ㅋㅋㅋ 맞는 말이야
여자가 나서기는 어딜 나서
너희들 증말
자, 조용, 조용.
다음, 너무 건방져서 시집가기 힘들 있는데?
우~ 들었지. 들었지.
여자는 인물만 있으면 공부좀 못 해도 상관 없다. 여자는 좋은 남편만 만나면 된다.
맞아 맞아 우린 완벽해
얼굴도 못생긴 것들이 잘난체 하기는

여자는 꼭 치마를 입어야 한다
이런 추운날에 치마 입으면
안되주~이

학생회 회장은 남자를 우선 뽑는다.
남자반 여자반 인데 남자 회장만 뽑히는걸 보면
여자 들이 남자들을 찍는다는 거잖아.

남자는 강하고 대범해야 한다
선생님, 요즘 남자들은 약해 빠졌어요.
맨날 질질 짜고요 이 말은 살려 줘야 돼요.

남자는 씩씩 하고 용감 하고 여자는 순종적 이야 한다.
맞아. 맞아. 당연 한거 아니야?
너희들이 씩씩하다고 생각해? 여자 애들에게 맨날 터지 면서

사내가 그런것 가지고 삐치고 왜 이렇게 속이 좁아?
우~
크~

사내가 그런 것 갖고 눈물이나 흘리냐?
크~ 얼마나 울었으면 쯔쯔쯔

여자가 똑똑 하면 피곤 하다.
들었지? 여자는 상관 할일이 아녀 자는 아녀오.
이게 증말.

이렇게 특정 성에 대해 부정적인 감정이나 차별적인 태도를 가지지 말것 알았지
예~

우유

아빠!
우유
아빠, 우유 안 먹는다고 했는데, 왜 자꾸 가지고 와?
아빠는 왜, 우유 안먹어?
우유 먹으면 배가 아파서 하루 종일 누워 있어야 돼. 체질에 안맞아.
나도 그래, 우유 안먹는다고 해.
안돼. 의무적으로 먹어야 돼.
다른 친구들은 어떻게 해?
여러 가지야, 화장실에 버리고 우유팩은 깨끗이 씻어서 가지고 오는 친구,

붕어빵 하고 바꿔 먹는 친구
아저씨 우유
그래 한마리 가져가
붕어빵

우유주고 뽑기 하는 친구

그냥 숲속에 버리는 친구

남자 애들은 대단해. 우유로 축구 해

그래도 난 범생이야 집에 가지고 오잖아.
집에 가지고 오면 뭐해 결국 버리는 행위를 아빠 한테 맡기는 거잖아

몰라, 알아서 해
집에 학교에서 가지고온우유가 14개나 있어 이제 유통기한 때문에 먹지도 못해.

잘 됐네. 그럼 버려.

왕따의 특징과 대처법을 알려 드리겠습니다.
우~
우~
제1장 왕따의 특징
언제나 바닥에 쭈그려 앉아 꼬적 거리고
친구 없는 그늘 아래 나 홀로
홀로 서서~ 우러러 하늘을~ 바라 보네~ 우~
꼬적 꼬적
책상에 낙서를 하거나 책을 읽는다.
늘 우울 하고 표정 변화가 없고 말이 없다.
아이들이 싫어 할 만한 특징을 가지고 있다.
예) 잘난척을 많이 하거나 공주병이거나 잘 대들고 시비거는 아이. 지저분한 아이.
윽-또. 잘난척
역시 공주병 이야

다른반 왕따와 친구를 한다.
(자기 반에는 친구가 없으니까)

자기만의 스트레스 해소 법이 있다
예) 종이에 싫어 하는 사람 이름을 쓴 후
마구 찢는다.

정이 많다

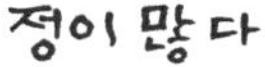

제2장 왕따 대처 법
관심을 가져 준다   예) 질문을 많이 한다.

정성껏 돌봐준다, 그아이를 왕따 시키는
아이들의 몫까지.

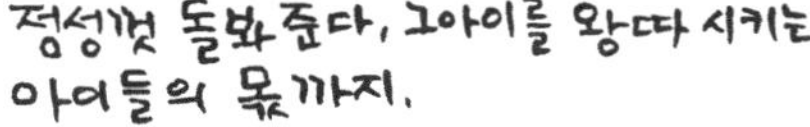
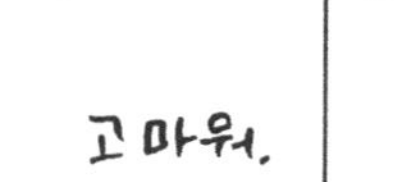

왕따를 괴롭히는 아이들을 깨끗이훈내준다

친구들에게 그아이의 좋은 점을 알린다.

무슨 일이 생기면
선생님께 알린다. 끝

한국 최초의 여학교 교실

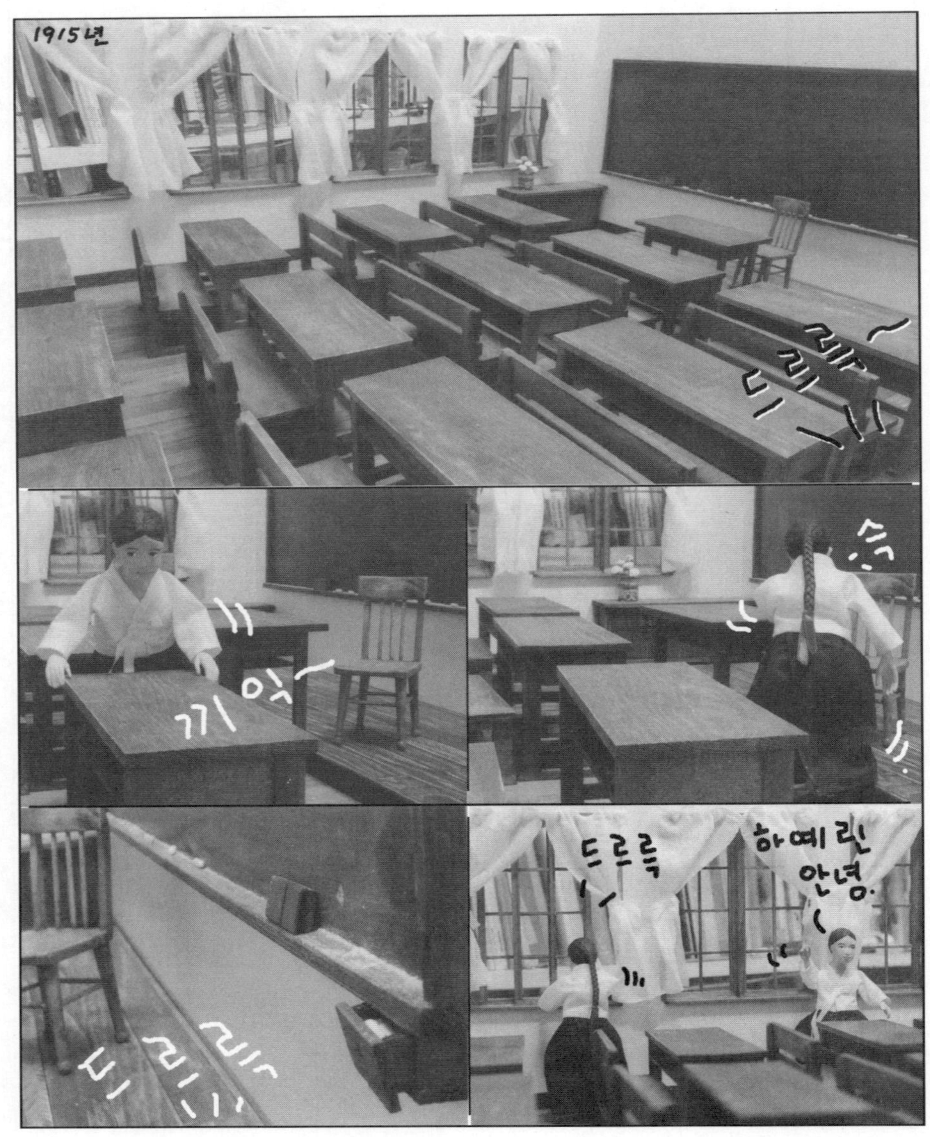

뭐? 우리가 앞으로 여성사 전시장에 있을거라고?
정말이야. 우리 아빠가 그랬어
왜. 다른 친구는 안오지?
하예린 아버님이 아직 덜 만들었나 봐.
하예린. 갈거야?
인터넷 으로 숙제 해야돼.
안녕
안녕
아저씨 사진 자꾸 찍지 마세요.
여성사 전시관…
인터넷이 뭐지?
하예린~ 만지지마

반찬 배달 1

오늘 국은
쑥갓 모듬어묵국
이고
반찬은
생선 버터구이
햄감자볶음
뱅어포튀김
겉절이
하예린~
밥 먹자
반찬 많이 있으니까
다 먹어도 돼.
야!~

진작에 이렇게 먹었으면 좋았을걸 왜, 안 했어?
네 엄마가 이제 미안함을 느꼈나 봐.
무슨 미안?
직장에서 매일 맛있는 음식 먹었다고 자랑했잖아.
오늘 학교 동료들 하고 회 먹었는데 너무 맛있는거 있징○○○○····
좋겠당
하예린. 아직 밥 안먹었어?
우리는 물 먹어도 배불러 걱정마
밥도 없고 반찬도 없어
그러면 시켜 먹지?
식사 담당자가 그런 말을···
하루 세번 식사 준비하려면 다른일 하기 힘들어.
그래서. 엄마가 매일 반찬배달 하도록 만들었구나
반찬배달은 직접 해 먹는 것 보다 돈이 적게들어. 늘 음식 만드는 사람은 잘 하지만 가끔 하는 사람은 비용이 더 들어.
음···· 그럴 수 있겠구나
밥도 배달이 되면 부엌이 필요 없는데.
부엌 자리에 거북이 사육장 만들자.

하예린 일어나
학교 안 갈 거야 빨리 일어나
에이씨
애가, 미쳤어 미쳤어
엄마 왜 그래?
너, 엄마한테 그럴래
반쪽씨 하예린 깨워봐

아침 마다
모녀 간에
왜 그렇게 싸워?
이게 싸우는 거니?
애 깨우는 거지
목소리를 좀 작게 하고
다정하게, 부드럽게
깨워봐.
내 목소리가
어때서?
하예린 성격 알면서
왜 그래, 좀 유머를 섞어
가면서 깨워봐.
그럼, 반쪽씨가
깨워봐
해봐,
나한테만 시키지 말고
애엄마 잖아.
하예리~ 인
아빠가 아
일어나란다아
정말 안 일어
날 거야
우~씨
마귀
할멈
쯧쯧 쯧
이리 나와봐
내가 어떻게 깨우는지
보여 줄게
잘봐.
하예린 이것 봐.
거북이가 토끼와
경주에서
승리한 모습
잘난체 하는 토끼가
잠자는
바람에
이겼어요.
푸허허허
너무 귀엽다

반찬 배달 2

잡고 있어
전자레인지
퍼
괜찮아?
응. 괜찮아.
전원을 연결하고
데우기는 2~3분 정도
오늘은 3개를
데워야 돼.
반찬은
유리 그릇에 옮겨서
바로 하면
안 돼?

바로 데우면 비닐 속에있는 나쁜 냄새가 배어나와.
음. 그럴 수 있겠구나.
3분에 맞춰봐.
3분...
어때? 맛있지?
응. 맛있어
반찬 배달 해 먹는것은 정말 여성 혁명이야.
왜?
수많은 여성들이 반찬 때문에 집에 갇혀 있으니까 사회 진출을 못하는거야
여성이 사회 진출을 많이 하면 여성이 원하는 세상으로 만들 수 있다. 이 말이야?
오~ 제대로 이해 하는군
그럼 반찬 배달 때문에 여성 대통령도 나올 수 있겠네?
그럼. 당연 하지
아빠! 혹시— 반찬배달 회사 직원 아니야?
하예린 엄마왔다
오! 마침 21세기 위대한혁명가 께서 납시는구먼
밥무라!

틀의 나라

하예린
방학동안
학원가라
실허.
7 과목 하는
학원 있는데
중학교 가기전에미리
공부좀 해야지
또, 시작
이야
다른 친구들은
다 학원 가는데
방학 동안 집에만 있으면
안돼 저 리가!

하예리이인~

잠시후
반쪽씨.
하예린, 방학동안
미술 학원에 보내야
되지 않아?

석고 데생을 미리
해 놓으면 대학가기
좋잖아?

딸을 저렇게
방치 하지 말고
어떻게 해 봐.

걱정마.
석고데생으로
학생 선발 하는
대학에는 보내지
않을
테니까

그러면
대학을 보내지
않으려고 하는
거야?

왜, 애를
틀 속에가두어
놓으려고
그래?

흑흑..아빠!
방학 동안 매일 학원
가야돼.

왜.
수락 했어?

반대 하면
엄마 하고 사이가
좀 안 좋을까봐.

수렁에 빠진 내딸

아~아
내 딸

아흐! 아르 바브어허?
(아빠! 아침 안 먹어?)
밥이야?
찹쌀떡
또
간편 하잖아
바쁜 아침에 밥을 어떻게해
하여튼 반에
아침밥
안 먹고
오는 친구가
몇명이나
돼?
아침밥 안먹고 오는
친구가 4~5명
4~5명?
우리집은 뭔가 문제
있다
찹쌀떡도
아침 밥이야.
우리집 처럼
빵먹고 오는 친구도 있어.
그~래.

반쪽씨 좀 치워 줘
아빠!
안녕.
호~
이런 예쁜 통만 있으면
나는 아침 안
먹어도 ···
준비물
○ 드릴
○ 사인펜
○ 찹쌀떡
   통 3개
○ 깃털
○ 실
○ 머리핀

학원숙제

학원 선생님이 숙제를 너무 많이 내줘.
많이 내 줘야 부모들이 좋아 해서 학원비를 잘 내지.
왜?
"아이고! 내새끼가 학원 다녀더만 집에서 공부만 하네" 하고 말이야
안 그래도 수학선생님이 말하는데 숙제 없으면 맨날 인터넷이나 만화책만 볼게 뻔할 뻔자 라고 하는거야.
그건 만화 가 들에 대한 모독 이다. 이 목욕 이 치약 이 분뇨
크크크… 이 목욕 (모독) 이 치약 (치욕) 이 분뇨 (분노)
방학이 있는 이유가 학교에서 하지 못하는 다양한 경험을 하라고 있는거야.
연료비 절감 때문에 있는게 아니고?
물론 겸사겸사지

아빠는 내가 공부하는 모습이 보기가 안좋아?
공부라는 것이 능동적인 것이 있고 수동적인 것이 있는데 학원 숙제는 수동적인 공부잖아.
그래서.
하고 싶지 않은 것을 부모를 위해서 억지로 하는 것은 보기가 안좋아
아빠가 원하는 것은 하예린이가 정말 하고 싶은 것을 구체적인 계획을 세워서 미친듯이 하는 모습을 보고싶어
호~
형식적으로 하는 것이 아니라 한곳에 몰두 해서 온몸을 불 사르듯이 하라는 거지?
미쳐야. 미친다는 말이 있어.
미치다니?
남이 보기에 미친 듯이 노력 해야 원하는 곳에 도달 할 수 있다는 뜻이야.
어떤것을 하든간에 관계가 없어?
관계 없지 오히려 그 누구도 안한 것을 하면 더 좋지.
다음 날
휴- 무거워!
← 만화책
엄마가 보면 기절 하겠다.

이것들이
여성을 노리개로……

여성을 가지고 노는게 그렇게
재미 있어요?

아빠! 이것봐
항의 했어.

또, 아빠
이름으로 했지?

그렇게 할 수 밖에 없었어.
14세 이하는 부모 동의 해야
가입 할수있어.

어디
보자.

너무 직설 적이다.
이러면 설득력이
없어져.

화 나는 데
어떻게
하 라고……

간접적 으로 돌려서 말하면 부드 러우면서 더욱더 강해져.
치ㅡ
시가 왜 좋은지 알아?
?
원 관념을 숨기고 보조 관념 만 드러 내어 표현 해서 그래. 그런 방법을 은유법 이라고 해.
국어 시험에도 많이 나오잖아. 다음중 밑줄친 단어는 무었을 뜻하는 가요? 라고.
아~ 맞아 맞아
하예린, 인터넷이 없을 때 어떻게 항의 했는지 알아?
몰라
높은 빌딩 옥상에 올라 가서 유인물을 뿌렸어
정부는ㅡ
잡새 온다
그것도 안되면 분신 하기도 했어
독재타도
많은 사람이 죽거나 감옥에 갔었지……
집에 가면 잡힐까봐 집에도 못가고 아빠도
아빠! 벌써 96명이 내 글을 봤어

헉 마우스
고장 나면 안되는데
다 치웠어?
안 치우고 뭐해?
아니야 그냥
휴~ 다행이야 고장이 안났어
아빠 마우스걸이 하나 만들어줘
마우스걸이?

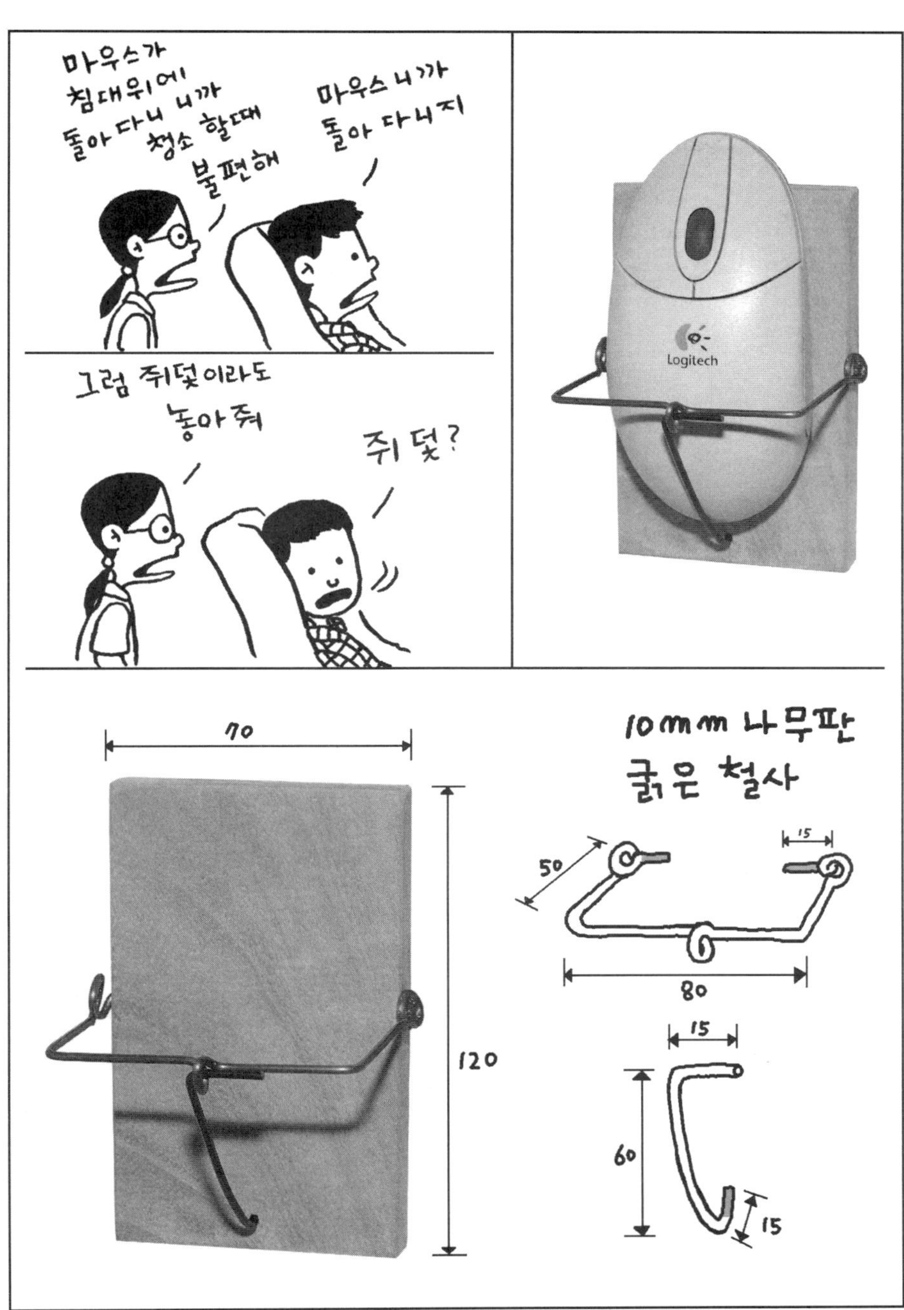

마우스가 침대위에 니가 돌아다니 청소 할때 불편해
마우스 니가 돌아 다니지
그럼 쥐덫이라도 놓아 줘
쥐 덫?
70
120
10mm 나무판
굵은 철사
50
15
80
15
60
15

야단맞으러…

이것봐.
호주제가
왜 안좋을 것인지
보고 있어?
응.응.
보고 있어
잘봐
중요 한거야
호주제는 말이야
쉽게 설명
해줘
어려워
쉽게…
왜 그래?
친구들 하고 놀때
여자가 대장이
될 수 없지?
남자만
대장할
수 있어
맞아
응.
학교에서도 반장을
남자만 자격을 줘
치-
그런게
어디있어
욱
잘부탁 함다
끽
이제 내가
대장
이다
고마
너도
죽어
뻐라
대장이 죽거나
없으면 누가
대장이되어야돼
남자만
대장 할 수
있다 면서

196

음... 이제 이해 하는군 바로 이런게 호주제야
그런데 대장 하면 뭐가좋아?
대장 하면 모든 재산을 마음 대로 하고 애가 생기면 성을 대장성으로 할수 있지
음.... 심각 하네.
그래서 그 대장은 힘을 발휘 하기 위해서 꼭 제사를 지내
카리스마가 필요 하겠지
명절에 차례 지내고 나면 꼭 하는 소리 있지
푸하하하 내아들나-도
이제 아들 낳아 야지?
많은 사람들이 왜 명절에 힘들게 고향에 버려 가는지 알아?
야단 맞으러?
키키 키- 야단 맞으러? 맞다! 맞다!
크- 잘 알지?
쾅 쾅 쾅
명절의 진정한 의미는 한 혈통임을 확인 하고 가족애를 강화 하는데 있는데.... 그걸 잘 못해서 되게 야단 맞지.
아~하 맨날 모이기만 하면 싸우는 이유가 있구나.
그런데 야단 맞고 싸우 면서 왜 힘들게 고향 가?
이노무 새끼 조상 제사에 올해 또 안 내려 와 봐
안 가면... 죽지

반찬 배달 3

반쪽씨. 반찬이 왜 이렇게 많이 남았어?
반찬 배달을 이틀 간격으로 할까?
하예린하고 나 하고 육식을 좋아해서 그래
반찬을 선택해서 배달하는 회사도 있던데.
그렇 다고 육식만 먹으면 문제가 되지
하여튼 이렇게 남는건 문제가 있어.
다 먹을거야.
하예린 보고 골고루 먹으라고해 나 간다.
잘가.

버릴 수도 없고 해결 방법이…
반찬, 밥, 참기름에다가
계란도 하나.
어때 맛있지?
남은 반찬으로 비빈거지?
엄마가 반찬 남는다고 배달을 이틀 간격으로 하려고 해.
치, 그렇다고 맛있는 요리는 해 주지도 않으면서
반찬 비용이 부담스러운가봐.
한 달에 얼만데?
18만5천원
손님 데리고 일식집에서 먹을때 보면 10만원 넘게 나오던데
하루저녁 식사비에 비하면 아무 것도 아니네.
여자들 보다 남자들은 대단해 저녁 먹고 2차에 술먹고 그리고 3차. 4차.
그러면 얼마 나오는데?
아마. 1년 반찬 배달 비용 정도는 나올거야.
배가 얼마나 크면 1년치 반찬을 하루 저녁에 다 먹어?

필름보관

서랍이 왜 그래?
필름이 안에 끼었어.
덜컹
덜컹
쯔쯔쯔 필름이 다 구겨졌어.
다 빼어 내면 어디에 보관 하려고?
여기는 더이상 보관 못해.
으와~ 이때 7가지 찍은 필름이 이렇게 많아?
2०년 치야.
아빠 이것봐. 나 애기 때 귀엽지?
어디? 어디?

단위 mm
손잡이
18mm 집성목
200
70
300
250
250
300∅
18
평소 선반으로 사용
필름비닐집은 사진현상소에서 구입가능
보관 하기 힘든 필름으로 가족의 역사를 한번 만들어 보세요
아빠! 필름이 순서대로 있으니까, 우리집 역사를 보는 것 같아.

10부제

10일 중에 하루는 차가 쉬는 거야
아빠! 차량10부제 하면 어떻게 돼?
왜?
기름값이 올라서 그래. 우리나라에는 석유가 안나잖아
쯔쯔쯔쯔 불쌍한 우리나라
난방, 요리하는 가스도 마찬가지야
가격이 더 오르면 난방, 요리도 10부제 하겠네.
응? 난방, 요리도? 음…그럴 수 있겠네!
크아
왜, 그래?

세상에 수업중에 성매매 하러 간대.
하 예린, 성매매도 알아?
성을 사고 파는 거잖아.
호~
왜 성을 사고 팔아?
학생들이 성을 팔러 가는 것은 돈이 필요해서 일테고.
사는 사람은?
성에 대한 욕망이겠지.
그렇 다고 어린 학생을 사다니 나쁜 사람들 같으니.
성을 사고 팔고 하는 돈이 농어촌 지원금 하고 비슷 하다고 하잖아.
왜, 그래?
손님 접대 할때 술 접대 하지? 술로도 안되면 성접대 까지 하는거야. 한국이 정말 잘못된 문화를 가진거지
손님을 왜 그렇게 접대 해?
무언가의 계약이 꼭 이루어 지도록 하려고 하는 거야
국가 에서 통제 하지 않아? 성매매 10부제 라든가…
10부제?
ㅋㅋㅋㅋ…

파란불

지하철 서랍장

아빠! 아빠, 어디 있어?
아빠, 여기 있어
베란다에서 뭐해?
서랍장 만들고 있어.
어디가? 이거 받아 줘.
우~와 서랍이 지하철 같아.
3미터야.
베란다 바닥 창고

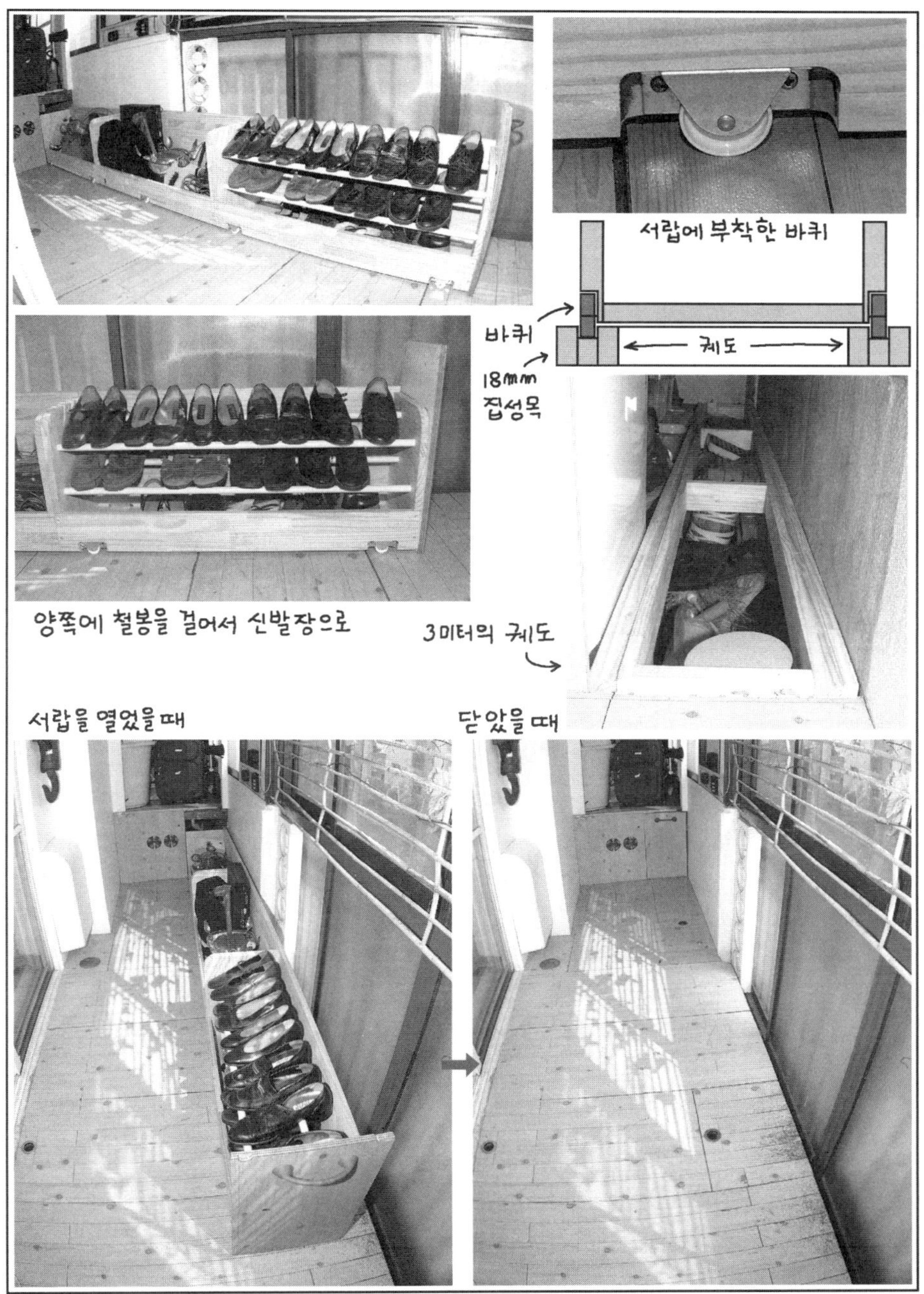

서랍에 부착한 바퀴
바퀴
18mm
집성목
궤도
양쪽에 철봉을 걸어서 신발장으로
3미터의 궤도
서랍을 열었을 때
닫았을 때

승진 축하 선물

오늘 승진 했어
어! 정말 축하 해.
경조사비 반찬배달비
학원비 생필품비 학용품비 각종고지서
하예린 학원 말이야. 학원 때문에 하루 일정이 너무 빈틈이 없어서 피곤해 하는데
아빠 힘들어
혼이 빠진 상태에서는 건성으로 공부를 하게 될거라고 생각 되는데 꼭 학원을 보낼 필요가 있을까?
학원비 생필품비 학용품비
요즘 다 학원 다니는데 그리고 내가 시간이 없잖아.
경조사비
하여튼 나는 학원 반대니까. 알아서 해.
학원비 생필품비 학용품비 각종고지서

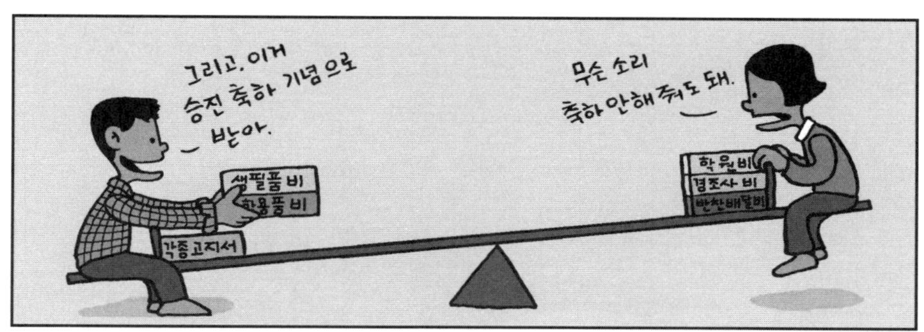

그리고, 이거
승진 축하 기념으로
받아.
무슨 소리
축하 안해 줘도 돼.
학원비
경조사비
반찬배달비
색필품비
학용품비
각종 고지서

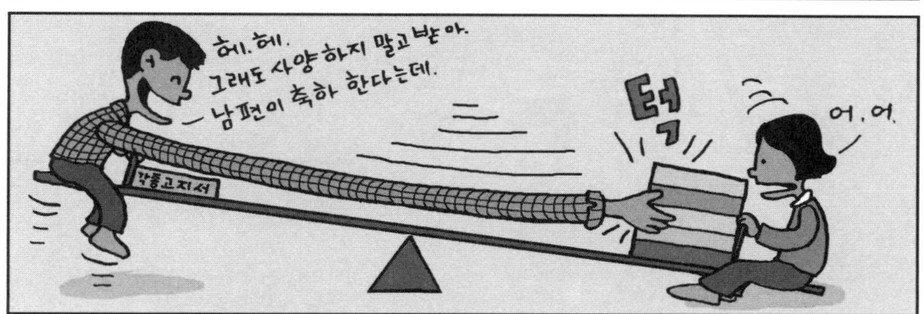

헤. 헤.
그래도 사양하지 말고 받아.
남편이 축하 한다는데.
텍
어. 어.
각종 고지서

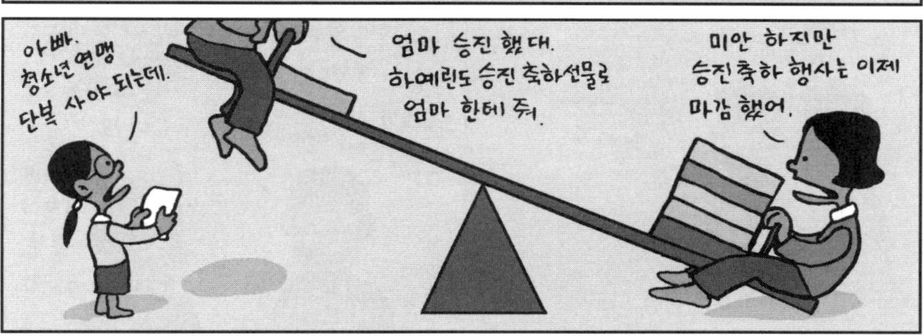

아빠.
청소년 연맹
단복 사야 되는데.
엄마 승진 했대.
하예린도 승진 축하선물로
엄마 한테 줘.
미안 하지만
승진 축하 행사는 이제
마감 했어.

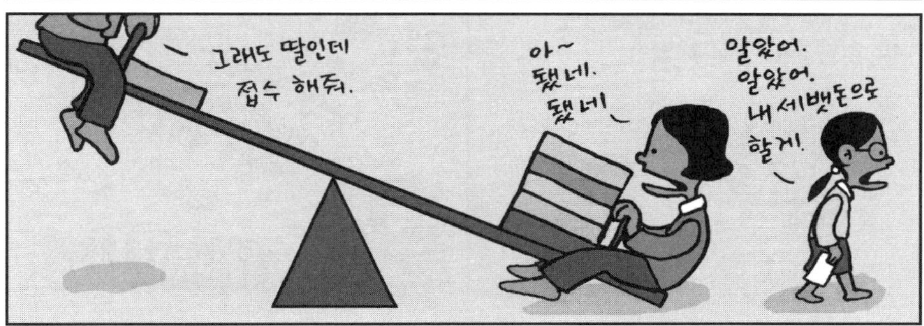

그래도 딸인데
접수 해줘.
아~
됐네.
됐네
알았어.
알았어.
내 세뱃돈으로
할게.

성공자 되어

언니들 졸업을 축하합니다
아차
꽃다발 없으면 어때.
꽃다발들이 화려 하네
꽃다 발이 그렇지 뭐.
내가 졸업 할때는 진달래 꽃에 다가 스티로폼 가루 묻혀서 만들었는데 받아 봤어?
받아 봤지. 그 유치 찬 란한 꽃다 발은 안보이네 지금은 꽃 재배 기술이 좋은 가봐.
그 진달래 꽃을 화병에 꽂아 두면 너무 화려 하게 꽃이 피었어.
햐!
문원, 문원, 문원
초등, 초등, 초등
학생, 학생, 학생
여러분, 여러분, 여러분
졸업을, 졸업을, 졸업을
축하 합 니 다, 합니다, 합니다.

이상, 이상, 이상
졸업식을, 졸업식을, 졸업식을
마치겠습니다.
와~졸업이다.
졸업식 인데
우는 아이들은
하나도 없네.
반쪽씨
저기 봐
졸 성공자 되어 다시 만납시다 업
20년후 (34살 정도)
밑에 봐.
34살 정도.
ㅋ~
성공자가
뭐야?
졸 성공자
20년후 (34살 정도)
성공 해서 다시 만납시다, 아니면
성공한 사람이 되어 다시 만납시다,
라고 해야 되지 않아?
그래도
유치하네
변재란은
34살때 뭐했어?
애 키우고 있었지
하예린은 어떻게
되어 있을까?
34살 되면…
아빠는
34살때
뭐했어?
애키우고 있었지
그애가 바로너야.
자~
찍는다
하예린도
애 키우고
있으면
되겠네.
성공자 되어 다시 만납시다 업
졸 성공자

심청전

글 · 그림 최하예린

부디 아버지께서 눈을 뜨시게 해주세요!
풍덩!
풍당~
앙~
숨겨둔 밥
우헤헤헤— 내가 죽을 줄 알고?
둥둥
아빠! 아빠! 쌀 왔어?
자.봐
와—
따르릉 따르릉

심청이는 몸을 몇번이고 파는 것을
반복하였고

드디어 많은
쌀이 생겼다

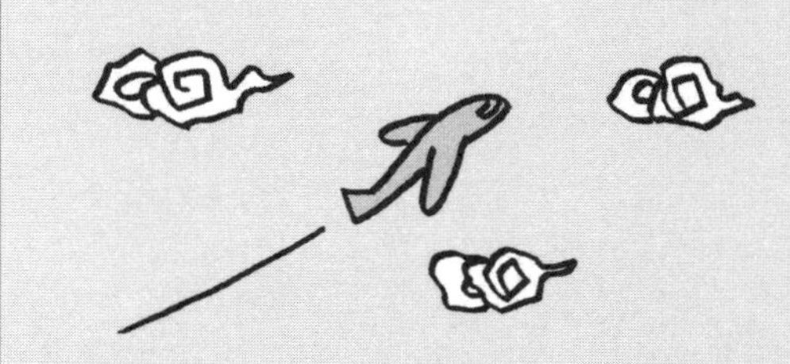
심청이와 심봉사는
그 많은 쌀을 팔아
선진국으로 가 눈수술을
받았다.

끝!

하예린은 내 친구

초판   1쇄 발행 _ 2003년 5월 7일
         2쇄 발행 _ 2004년 8월 13일

글 · 그림 _ 최정현
펴낸이 _ 고희범
펴낸곳 _ 한겨레신문사

등록 _ 1988년 9월 2일 제1-803호
주소 _ 서울시 마포구 공덕동 116-25 우편번호 121-750
전화 _ 710-0568~9(출판 기획), 710-0563(출판 관리)
팩시밀리 _ 710-0566
홈페이지 _ www.hanibook.co.kr
전자우편 _ book@hani.co.kr

ⓒ 최정현, 2003

*값은 표지에 있습니다.
*이 책 내용의 일부 또는 전부를 재사용하려면 반드시
저작권자와 한겨레신문사 양측의 동의를 얻어야 합니다.

ISBN 89-8431-095-6 03980